【監修】
大門 寛・佐々木裕次

機能構造科学入門

3D活性サイトと物質デザイン

丸善出版

まえがき

 われわれの生活は，多くの機能性物質のはたらきで豊かになっている．たとえば，携帯電話には，電波の送受信，写真撮影，情報処理などを行う多数の機能性物質が入っている．ほとんどの機能性物質は，シリコンや酸化鉄などの純粋な半導体や酸化物に微量の不純物（ドーパント）を添加してつくられる．しかし，これらの機能性物質が機能を発揮できる理由については，これまでよくわかっていなかった．機能の解析には，ドーパント原子がどのように結晶内に入っているかを知る必要があるが，通常の結晶構造解析手段である「X線回折」では不可能だった．「X線回折」では，結晶構造をなす物質の解析しかできず，ドーパントのように結晶構造をつくらないものは解析ができなかったが，本書で解説する「ホログラフィー」の技術を用いれば，ドーパントのまわりの原子配列をはじめて3Dでイメージングできる．結晶構造をつくらない局所構造が物性の要となっている例は，半導体や超伝導体のドーパント以外にも，触媒の活性点，機能性タンパク質の活性中心など幅広い分野に存在しており，われわれはこのような局所構造を「活性サイト」とよんでいる．これらの活性サイトが解明されれば，新規の高効率の触媒や太陽電池，高温超伝導体の開発につながり，資源やエネルギーなど，多くの問題が解決されるだろう．

 本書は，「量子ビーム」を使ってこれらの活性サイトを原子分解能で3次元的に見えるようにした複数の技術について解説したはじめての書籍である．ここで「量子」とは，非常に小さくて，量子力学でしか説明できない「波動性」をもった粒子のことで，本書では「電子」「光子（ここではX線）」「中性子」を用いている．こ

れらの量子は，原子の間隔と同程度の波長をもち，原子の並びによって回折を起こすため，原子配列の解析に使える．本書で説明する手法は「ホログラフィー」という手法であり，「X線回折」のように回折ビームの「強度」だけを測定するものではなく，回折波の「強度」と「位相」まで記録するものである．どの手法も 2000 年ごろから日本で発展し，世界をリードしてきた．この分野をさらに発展させるために，文部科学省の科学研究費新学術領域研究「3D 活性サイト科学」が 2014 年度に発足している．

　もともとの「ホログラフィー」や，原子分解能をもつ「光電子ホログラフィー」や「蛍光 X 線ホログラフィー」などはすべてハンガリーの科学者によって創始され，初期には米国で研究されていたものであるが，近年，日本で大きく発展してきた．その理由の一つは，日本が放射光科学の先端を走ってきたために放射光を使用できる環境があったことであり，もう一つは，菊池正士が 1928 年に電子回折を日本ではじめて開始して以来，電子回折，X 線回折の研究が盛んであったことである．これらの研究基盤のおかげで，近年，新しい原子分解能 3D イメージング技術が日本で次々に実用化されはじめ，最先端材料についての新しい知見が得られている．

　「3D 機能構造科学」は，このような画期的な手法を，物理，化学，生物分野に幅広く応用し，最先端の研究の要となる物性をつかさどる活性サイトを解明する新しい科学である．本書は，その研究手法，解析理論，応用研究について，最先端の研究を例にわかりやすく解説した．テーマごとに章を分けて解説しており，興味をもたれたところだけを読んでも理解できるようになっている．これから研究を学ぶ大学 3，4 年生をはじめ，より多くの研究者の方々に 3D 機能構造科学の魅力を知っていただき，幅広い研究分野で本書を活用していただくことを期待している．

2016 年 6 月

監修を代表して　大門　寛

監修および執筆者一覧

監 修

大門　寛　　　奈良先端科学技術大学院大学物質創成科学研究科
佐々木裕次　　東京大学大学院新領域創成科学研究科

執筆者

石井宏幸　　　筑波大学数理物質系　［6章］
岡　大地　　　東北大学大学院理学研究科　［7章］
久保園芳博*　岡山大学異分野基礎科学研究所　［8章］
郷原一寿*　　北海道大学大学院工学研究院　［4章］
小林伸彦*　　筑波大学数理物質系　［6章］
佐々木裕次*　東京大学大学院新領域創成科学研究科　［4,8章］
塩谷浩之　　　室蘭工業大学しくみ情報系領域　［4章］
大門　寛*　　奈良先端科学技術大学院大学物質創成科学研究科　［1章］
鷹野　優*　　広島市立大学大学院情報科学研究科　［5,8章］
林　好一*　　名古屋工業大学大学院工学研究科　［2章］
広瀬賢二　　　日本電気スマートエネルギー研究所　［6章］
福村知昭*　　東北大学大学院理学研究科　［7章］
松井文彦　　　奈良先端科学技術大学院大学物質創成科学研究科　［2章］
松下智裕*　　高輝度光科学研究センター　［2章］
森川良忠*　　大阪大学大学院工学研究科　［5章］
山﨑　順　　　大阪大学超高圧電子顕微鏡センター　［4章］
山田容子　　　奈良先端科学技術大学院大学物質創成科学研究科　［8章］
若林裕助*　　大阪大学大学院基礎工学研究科　［3章］

（五十音順，［　］内は担当章，＊は各章の主担当，所属は2016年6月現在）

目　次

1　　**局所機能構造科学の登場**　*1*
　1.1　活性サイトと局所機能構造　*1*
　1.2　ホログラフィーの発明と分解能　*3*
　1.3　原子分解能ホログラフィーの夜明け　*4*
　1.4　日本でのホログラフィーのルネッサンス　*5*
　1.5　原子立体写真法　*5*
　1.6　「3D活性サイト科学」による局所機能構造科学の登場　*7*

2　　**光電子ホログラフィーと蛍光X線ホログラフィー**　*9*
　2.1　概　論　*9*
　2.2　光電子ホログラム測定装置　*11*
　2.3　光電子励起過程　*13*
　2.4　光電子散乱　*15*
　2.5　原子像の再構成　*20*
　2.6　光電子ホログラフィーの展開　*25*
　2.7　蛍光X線ホログラフィーの概要　*26*
　2.8　蛍光X線ホログラフィーの原理　*27*
　2.9　実験装置　*32*
　2.10　データ処理　*34*

- 2.11 原子の揺らぎと原子像　36
- 2.12 応用事例　38

3　表面・界面ホログラフィー　43
- 3.1 表面からのX線回析　43
- 3.2 表面近傍の構造変化による散乱強度　47
- 3.3 CTR散乱ホログラフィーの原理　48
- 3.4 ホログラフィーによる界面構造モデルの構築　50
- 3.5 複雑な構造をもつ物質の表面・界面　51
- 3.6 手法の特徴と限界　54

4　ナノ構造体・1分子イメージング　57
- 4.1 回折イメージング　57
- 4.2 量子ビームにおける1分子イメージング　75

5　第一原理電子状態計算法と分子動力学法　83
- 5.1 電子状態計算手法　84
- 5.2 固体表面・界面での構造と化学反応に関する第一原理電子状態計算　92
- 5.3 生体分子の分子シミュレーション　101

6　電気伝導理論　111
- 6.1 はじめに：半導体素子における電気伝導理論とその課題　111
- 6.2 有機半導体　114
- 6.3 有機半導体の結晶構造計算　114
- 6.4 有機半導体の伝導理論　116
- 6.5 おわりに　120

7　無機材料　123
- 7.1 無機材料とは　123
- 7.2 無機材料の合成法　128

7.3 無機材料の構造評価　*131*
7.4 無機材料の構造と機能の関係：
　　　酸化物半導体への遷移金属ドーピング　*134*

8　有機デバイス・バイオ材料　*139*
8.1 有機デバイス　*139*
8.2 バイオ材料　*155*

索　引　*163*

1

局所機能構造科学の登場

1.1　活性サイトと局所機能構造

　物質がその機能を発現するには，その物質がどのような元素からなっているかという「組成」および，それらがどのように配列しているかという「原子構造」が重要である．同じ炭素原子でできていても構造が異なるダイヤモンドとグラファイトでは，色，硬さ，電気的性質もまったく違うことからも，原子構造の重要性がわかる．

　最近の機能物質においては，結晶などの化合物そのものを使うのではなくて，母体となる物質に種々の元素を添加して高機能を出していることが多い．たとえば半導体産業では，Siなどの純粋な半導体に微少量（0.1%程度以下）のドーパント（不純物）を入れてp型やn型に活性化させて機能を出している．このような不純物は，母体原子の置換位置や格子間に入ると想像されており，置換位置に入ったときだけ電気的に活性になるといわれているが，誰も確認できた人はいない．このような局所的な構造は周期性をもたないために，これまでの標準的な原子構造解析手段であるX線回折や電子回折が適用できず，確証のある議論ができないまま開発が行われているのが現状である．

　このような局所的な活性点の原子構造が解明できていない現象は，ほかの分野にも広く存在している．化学産業では多くの固体触媒の助けを借りているが，これらの触媒反応においては特定の金属原子だけが活性点になっていることが多い．生物分野の光合成タンパク質においては，中心にあるMn原子が全体の光合成反応をつ

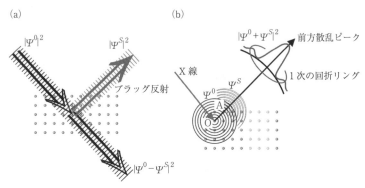

図 1.1 (a) X線回折や電子回折の概念図. (b) 光電子回折, 光電子ホログラフィーの概念図.

かさどっている. このような活性点のまわりの局所的な原子配列が解明できれば, 半導体素子, エネルギー素子, 化学合成から光合成まで多くの機能物質の高効率化につながり, 情報産業からエネルギー問題の解決まで, 現代社会の大きな問題に貢献することができる.

ここで, なぜ従来のX線回折や電子回折ではこれらの局所的な構造が解析できないか, なぜ本書で紹介する手法だと解明できるのか, について簡単に説明する. 図1.1 (a) に従来のX線回折や電子回折の概念図を示す. X線回折や電子回折においては, 細くて平行な入射ビーム Ψ^0 を結晶に照射し, 結晶内のいろいろな面でブラッグ反射した散乱ビーム Ψ^S を観測する. 原子が周期的にならんだ結晶でないと, ブラッグ反射が起きないので測定ができない. 前述のSi中のごく少量のドーパントのまわりの構造を解析しようとしても, ドーパントは規則的にならんでいないので測定できないのである.

このような, 着目している原子のまわりの周期性をもたない (非周期の) 構造を原子レベルで解明する手段として, 図1.1 (b) に示す「光電子回折」[1]という手法がある. X線を原子に照射すると価電子や内殻電子がそのエネルギーを受け取って真空中に飛び出すが, これを光電子という. X線を試料に照射すると結晶中のすべての原子から光電子が放出されるが, 内殻準位のエネルギーは元素によって異なるため, 光電子のエネルギーを選別することにより, 着目している元素 (前述の場合はドーパント) からの光電子だけを検出することができる. その放出角度分布パ

ターンを光電子回折パターンという．光電子の波動関数を Ψ^0 とすると，Ψ^0 は図のように球面状に広がる．真空中に出て行く間にほかの原子（図では A 原子）が存在すると，そこで散乱されて散乱波 Ψ^S を生じる．内殻からの光電子の運動エネルギーが数百 eV 以上になると，電子のド・ブローイ波長が 1 Å 以下になるので，図 1.1 (b) に示すように Ψ^0 と Ψ^S との干渉によって干渉パターンが生じる．このパターンを解析することによって着目する原子のまわりの局所原子配列を解析するのが「光電子回折」である．光電子放出原子まわりの原子構造を仮定して光電子回折パターンを計算し，測定と合っていればその構造が正しいと判断する．X 線回折や電子回折の解析方法も，これと同じくモデルから計算したパターンと実測との一致の度合いから判断する「間接的」なものである．

もっと「直接的」に測定パターンを逆変換して原子配列構造を導くことのできる「原子分解能ホログラフィー」という手法が，最近，日本において大きく発展し，局所構造の物理について，計測根拠をもって議論することができるようになってきた．

1.2 ホログラフィーの発明と分解能

ホログラフィーはガーボル（D. Gabor）[2] によって 1949 年に電子顕微鏡の分解能を上げるために発明された．ガーボルはこの功績で 1971 年にノーベル物理学賞を受賞している．ホログラフィーの原理を図 1.2 に示す．物体に左から平面波を照射して，物体で散乱した散乱波（物体波）と，散乱しなかったもとの波（参照波）との干渉パターンを写真乾板上にホログラムとして記録する．図 1.2 のように写真乾板を参照波の波面の山に沿って置けば，ホログラムの物体波の山のところが強めあって明るく記録され，物体波の谷のところは弱めあって暗く記録される．このように，ホログラム上の干渉パターンは，物体波の強弱だけではなくて位相が記録されている．像を再生するときには，参照波だけをホログラムの左から当てると，ホログラム上では物体波の強度と位相が再現されているので，右から見ている観察者には物体が 3 次元的に見えることになる．

ホログラフィーには干渉性のよい（平行度が高い）ビームが必要である．図 1.2 で参照波の中に平行でない光が混ざっていたら，ホログラムの干渉パターンがぼけて見えなくなってしまうことがわかる．可視光においてはレーザが発明されて干渉

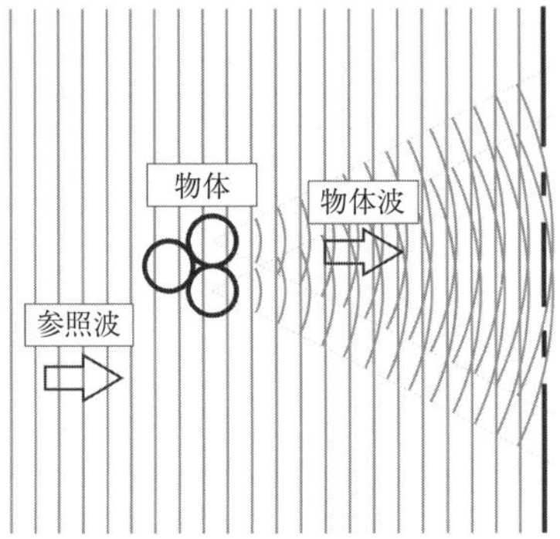

4　　1　局所機能構造科学の登場

ホログラム／写真乾板

物体
物体波
参照波

図 1.2　ホログラフィーの原理図.

性のよいビームが容易に得られるためホログラムが簡単につくれるようになり，紙幣など身のまわりにも多用されるようになっている．一方，原子レベルの構造体から干渉パターンがぼけずに見えるほどの干渉性のよい電子ビームをつくることは難しいため，原子分解能をもつ電子線ホログラフィーは実現されていない．

1.3　原子分解能ホログラフィーの夜明け

　1986年になって，スゥーケ (A. Szöke)[3]は，図1.1 (b) の直接光電子波と散乱光電子波を，図1.2の参照波と物体波と見なすことによって，原子分解能のホログラフィーが実現できることを提唱した．光電子回折パターンには，やはり直接波と散乱波の位相差が記録されているので，ホログラムと考えられる．これを「光電子ホログラフィー」とよんでいる．この場合，光で再生して目で見ようと思っても，光電子と同じ波長の光はX線なので目には見えないし，X線が見えたとしても原子は小さいために目で直視することはできない．代わりに，フーリエ変換のような式を用いて計算機によって再生できることが示された[4]．それ以来，多くの研究が行われ，再生像の質の向上の努力が積み重ねられたが，再生位置の精度が 0.5 Å 程度と悪く，再生できる原子の数も第 2 隣接原子程度までであったため，実用に用いられることもなく，いつしか研究は行われなくなっていた．

　同じころ，光電子と同様に飛び出す蛍光X線のパターンからまわりの原子の配列を再生する「蛍光X線ホログラフィー」[5]も行われたが，蛍光X線の強度が弱く，

1.4 日本でのホログラフィーのルネッサンス

これらの停滞を打ち破ったのが日本での最近のいくつかの研究である．松下が2005年に新しい解析法を開発し[6]光電子ホログラフィーの再生像の位置の精度と再生される原子の数が飛躍的に高まった（2.5，2.6節参照）．蛍光X線ホログラフィーにおいては，放射光施設の強い励起X線光源と高感度の検出器の開発によって，林が高精度の像再生を可能にした[7]（2.7～2.12節参照）．また，X線を結晶に照射したときの反射X線を参照波と見なして解析を行う「CTR（crystal truncation rod）散乱ホログラフィー」も高橋によって2001年に発明された[8]（3.3節参照）．これらのホログラフィーは，ホログラムに散乱波の位相が記録されているため，X線や電子回折で問題になっている「位相問題」が存在せず，構造モデルを仮定しないで原子配列構造を直接求めることができる「直接法」である．

これらの「直接法」においても，フーリエ変換のような簡単な計算は必要であり，計算結果を見ないとどのような構造なのか推定できない．この簡単な計算も必要とせずに原子配列の立体写真を直接撮影することのできる技術「原子立体写真法」[9]も筆者によって2001年に発明された．このように，最近の原子分解能ホログラフィーの発展はすべて日本で行われており，この分野では日本が世界をリードして活況を呈している．

1.5 原子立体写真法

この「原子立体写真法」の技術は，ホログラフィーとは原理の異なる技術なのでここで紹介する（2.5.4項も参照）．図1.1（b）の光電子回折パターンには，光電子放出原子と散乱原子を結ぶ方向に，強い前方散乱ピークが現れる．これは，原子のポテンシャルが電子にとっては引力ポテンシャルなので，凸レンズのような効果があるためである．照射するX線を円偏光にすると，この前方散乱ピークが円偏光の回転の向きに2°程度回転することが見出された[10]．図1.3に，入射円偏光の光軸

に垂直な面内で原子 O から出た光電子が原子 A によって散乱される様子を示す．実線と破線は，光電子の波の山と谷の等位相面である．円偏光 X 線で励起された内殻光電子は，円偏光の角運動量（$\hbar$）をもらっているので，内殻でもっていた角運動量を $m_0\hbar$ とすると光電子の角運動量 $m\hbar$ は $m\hbar = (m_0 + 1)\hbar$ となる．角運動量をもった光電子の波の等位相面（波面）は，同心円ではなくて図1.3のような渦になる．図1.3は，光電子の角運動量量子数 $m = 4$，運動エネルギー 150 eV，OA 間の距離 $R = 2$ Å として計算してある．波の進行方向は波面に垂直なので，放出原子 O から距離 R のところにある原子 A のところでは，OA の方向ではなくて，Δ だけずれた太い矢印の向きになる．Δ は式 (1.1) で表される．

$$\Delta = \tan^{-1}\frac{m}{kR\sin^2\theta} \simeq \frac{m}{kR\sin^2\theta} \tag{1.1}$$

すなわち，左右円偏光 X 線で励起された内殻光電子の前方散乱ピークの方向は，散乱原子の方向（θ, ϕ）から少しずれて，

$$(\theta, \phi \pm \Delta) \tag{1.2}$$

となる．m は内殻の種類によって決まっているので，Δ を測定すれば結合距離 R がわかることになる．隣の原子の方向は式 (1.2) の平均方向でわかるので，3 次元的な位置 (R, θ, ϕ) が詳しい計算をしないで直接わかることになる．

　立体的に配列している物体を左右の目で見ると，観測者から物体までの距離によって左右の目で見る角度が少し違うが，その角度のずれを視差角という．左右の目で見た一組の像をならべたものは立体写真であり，左右それぞれの目で見ることにより，もとの立体を3次元的に認識することができる．視差角（$\pm\Delta$）は，観測者から物体までの距離 R に反比例し，遠くのものほど視差角は小さい．この Δ と R との関係は式 (1.1) と同じになっているため，円偏光光電子回折パターンは原子

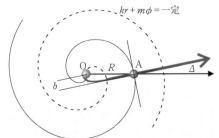

図 1.3 入射円偏光の光軸に垂直な面内での光電子の散乱．

配列の立体写真と考えることができることが示された[9].

このようにして撮影された InP 結晶の立体写真を図1.4(a), (b)に示す. 図1.4(a) の写真を左目で, 図1.4 (b) の写真を右目でそれぞれ見ると, 図1.4 (c) の O の In 原子の位置から A 原子の方向を見たときの原子配列を立体的に認識できる. 最近接の A 原子が, 第2近接原子の B, C 原子よりも近くに見えている.

式 (1.1) において Δ が小さいために Δ の測定誤差が大きく, この手法で見える (得られる) 原子間距離 R の精度は残念ながら高くない. しかしながら計算しないで直接見えるという利点が大きい. X 線回折や後述のホログラフィーにおいても, データを見ただけでは構造を想像することができず, 計算結果を信じるしかないが, この手法でだいたいの位置がわかり, 得られた結果の信頼性が格段に向上する.

1.6 「3D 活性サイト科学」による局所機能構造科学の登場

このような日本における原子分解能ホログラフィーの発展を背景として, これま

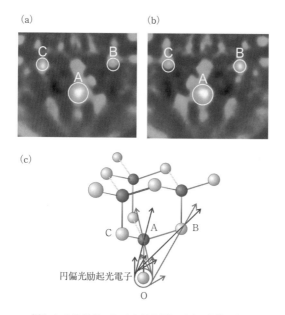

図1.4 InP 結晶の In から見た周辺原子の立体写真.

で不可能であった非周期構造である活性点まわりの局所構造について組織的に研究を進め，幅広い対象物質の局所的な構造データを集積し，種々の機能の発現機構を理論的に解明し，それらを通して新しい「局所機能構造科学」を強力に推進する動きが活発になっている．これまで研究対象とされてきた半導体や金属の固体のみならず，触媒などの化学反応系や，有機半導体，さらにはタンパク質などのバイオ物質までを対象としている．測定手法も，中性子ホログラフィーや電子散乱ホログラフィーなども加わって，軽元素やナノ粒子の解析も可能になっている．

化石燃料の大量消費に伴う地球温暖化問題や，原子力関連事故を背景に，創エネルギー，省エネルギー，蓄エネルギーなどの新技術が強く求められている．これらのための新機能物質開発には，新しい戦略的な材料科学によって諸問題を解決することが求められている．半導体産業の基本であるシリコンにおいてすら，ドーパントの局所構造がわからないまま試行錯誤で開発が進められていたような現状を打破するには，われわれの手にしている「原子分解能ホログラフィー」を適用することが望まれている．太陽電池，触媒，スピントロニクス材料，軽金属，パワーエレクトロニクス，二次電池，燃料電池，センサ，PET (positron emission tomography) 用のシンチレータなど多くの問題に組織的に取り組むことにより，「クリーンで安心安全な長寿社会」の実現に寄与できると信じている．

参考文献

[1] C. S. Fadley: *Synchrotron Radiation Research: Advances in Surface Science* (Plenum Press, 1990).
[2] D. Gabor: Nature **161** (1949) 777.
[3] A. Szöke: *AIP Conference Proceedings No. 147* (American Insutitute of Physics, 1986).
[4] J. J. Barton: Phys. Rev. Lett. **61** (1988) 1356.
[5] M. Tegze and G. Faigel: Nature **380** (1996) 49.
[6] T. Matsushita, A. Yoshigoe, and A. Agui: Europhys. Lett. **71** (2005) 597.
[7] K. Hayashi, *et al.*: Nucl. Instrum. Methods Phys. Res. A **467/468** (2001) 1241.
[8] T. Takahashi, K. Sumitani, and S. Kusano: Surf. Sci. **493** (2001) 36.
[9] H. Daimon: Phys. Rev. Lett. **86** (2001) 2034.
[10] H. Daimon, *et al.*: Jpn. J. Appl. Phys. **32** (1993) L1480.

2

光電子ホログラフィーと蛍光X線ホログラフィー

2.1 概論

　固体表面にX線を照射すると，内殻の電子が真空準位よりも上に励起され，表面から光電子やオージェ電子が放出される．これらの電子の運動エネルギーを解析する方法が光電子分光法である．物質は原子核と電子で構成され，電子は内殻電子と価電子の2種類がある．原子核に強く結びつけられている内殻電子に対し，価電子の波動関数は分子・結晶全体にわたり，原子同士を結びつける役割を果たしている．価電子帯から励起された光電子を観測すると，価電子帯の電子状態密度が得られる．内殻光電子からは化学組成を知ることができる．さらに，電子の放出角度分布を調べると，価電子帯の光電子ではバンド構造が得られる．内殻光電子の場合は，本章で扱う光電子ホログラムが得られ，そこから原子構造の情報を得ることができる．

　図2.1は光電子励起過程の模式図である．まず試料表面に単色光が入射し (1)，光電子やオージェ電子の波動関数が励起された原子を原点として球面状の直接波として広がる (2)．球面波の一部は周囲の原子により散乱されて新たな散乱波を生じる (3)．球面波と散乱波が干渉する．十分遠方で観測すると光電子の強度角度分布に回折模様が現れる (4)．これらの現象は光電子回折とよばれているが，最初の球

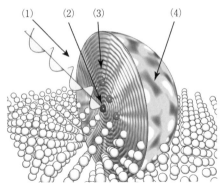

図 2.1 光電子ホログラム形成の原理図．銅の面心立方格子からの光電子放出過程．

面波を参照波，散乱波を物体波としてとらえると，光電子励起現象は局所原子配列の情報に関するホログラム記録プロセスと見なすことができる．つまり，光電子回折は，むしろ光電子ホログラムとよんだほうがよいため，以降は，光電子ホログラムと記する．ホログラフィーはホログラムに再生参照光を当て，3次元再生像をつくり出す技術である．同様に光電子ホログラムから原子構造を再生する技術を光電子ホログラフィーとよぶ．光電子ホログラフィーとは，再生参照光の代わりに量子力学に基づいた計算アルゴリズム通じて，初期構造モデルなしに3次元原子配置を再生する直接的構造解析法である．

光電子ホログラフィーは，平面波を利用するX線や電子線回折と異なり，原子からの球面波を参照波とすることから，その原子周囲の局所構造を再生することができる優れた特徴をもつ．内殻準位の束縛エネルギーは元素に固有である．さらに化学シフトにより，原子サイトの結合様式や化学的環境の異なる原子サイトを見分けることができる．光電子分光の元素・原子サイト選択性から狙う原子を特定でき，結晶中の不純物，埋もれた界面，表面吸着種，薄膜など，長距離秩序がない場合でも局所構造が配向さえしていれば威力を発揮する．また，励起された電子の多くは，固体中を飛行する間に非弾性散乱しエネルギー損失電子となる．飛行中エネルギーを損失せずに固体中を運動する距離が非弾性平均自由行程（inelastic mean free path: IMFP）である．内殻光電子分光からは，このIMFPによって決まる深さまでの領域に含まれる原子に関する情報が得られる．たとえば，軟X線励起による運動エネルギーが数百eVの光電子を用いると，表面領域の深さ1nm程度に絞っ

た測定が可能になる．硬X線励起では数keVの光電子がより長いIMFPをもち，バルク敏感な測定が実現する．

　角度分解型電子エネルギー分析器を用いて測定した運動エネルギー（E_k）の電子の2次元の強度角度分布（$I_{E_k}(\theta, \phi)$）が単一エネルギーの電子ホログラムである．放射光など光のエネルギーが可変な光源を用いれば，さらにホログラムの運動エネルギー依存性の測定を通じて，運動エネルギーを関数とした多重エネルギーの光電子ホログラムが得られる．筆者らは散乱過程を組み込んだ再構成計算法を考案した[1,2]．この方法は従来法での「位相シフトの問題」と「双画像問題」を同時に解決しているため，多重エネルギー法を使わなくても，光電子ホログラムから原子配置が得られる特徴がある．単一エネルギーで再構成が可能であるということは，多重エネルギー法に比べて数分の1の時間で測定できることに加え，簡便な実験室光源を使った光電子ホログラムやオージェ電子ホログラム[1]によって原子配置を求めることが可能になる．

　蛍光X線ホログラフィーとは，X線を単結晶などの試料に照射し，その際に発生する蛍光X線の干渉を用い，原子の3次元配列を記録する計測技術である．とくにドーパントの解析に有効であり，2〜3nmの範囲にわたって原子像を再生できるので，格子ひずみや特殊なクラスターをも解析できる．本章後半では，これらの手法の基礎原理について述べるとともに，いくつかの応用例について紹介する．

2.2　光電子ホログラム測定装置

　実験室ではMg Kα（1253.6 eV），Al Kα（1486.6 eV）といった金属からの無偏光のX線源が用いられる．一方，放射光施設では質（強度，偏光特性，ビームサイズなど）のよい，エネルギー可変な単色のX線が得られる．この光を試料に照射して出てきた光電子を測定する．光電子ホログラムの研究には角度分解能の優れた電子分析器が必須である．2次元角度分布の検出機構の観点から分析器を二つに分類した．これを図2.2に示す．

1）　本章では光電子・オージェ電子両ホログラムをあわせて便宜的に「光電子ホログラム」と表記する．

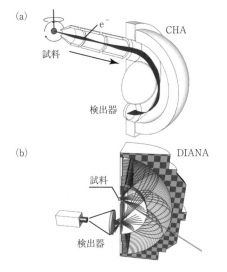

図 2.2 (a) 一般的な高分解能電子エネルギー分析器を使った光電子ホログラムの測定装置. (b) ダイモン型 2 次元表示型電子エネルギー分析器による光電子ホログラムの測定装置.

2.2.1 高分解能 1 次元分析器

真空槽内で分析器を動かす方式では分析器の大きさに限界があり，高エネルギー分解能化の障害となる．それに代わるのが静電同心半球分析器（concentric hemispherical analyzer: CHA）を用い，試料の極角と方位角両方を回転して 2 次元角度分布を測定する方法である．分析器の入り口の減速レンズで，エネルギーの高分解能化が実現できる．2 次元検出器により，分析器の軸方向・直交方向がそれぞれエネルギー分散と角度分散となる 2 次元強度分布を一括して測定できる．2 次元放出角度分布を得るには試料方位を走査しながら測定をする．

2.2.2 2 次元表示型分析器

CHA では入り口と出口アパーチャが二つの同心球の電極の間に設置されている．内側の電極をメッシュ構造とし入り口と出口のアパーチャをその内側に設置すると出口を通り抜けた光電子の 2 次元角度分布が検出器に投影される．いわゆる 2 次元表示型分析器（display-type analyzer: DIANA）で，同時に 2 次元角度分布を測定できるユニークさが売り物である．代表例としてイーストマン型の楕円鏡表示型分析器[3]とダイモン型の球面鏡分析器[4]がある．また，近年楕円メッシュによる広角球面収差補正を実現した分析器[5]，CHA を二つ組み合わせた運動量顕微

鏡[6], 飛行時間型分析器[7], CHA に偏向機構を導入したものなどが相次いで登場した. 偏光依存性を最大限利用した測定ができるのが特徴である.

2.3 光電子励起過程

励起光は波数ベクトル k_{photon}, 強度 A_0, 偏光特性ベクトル e で規定される電磁波である. 波数とエネルギーの間には $k\,(\text{Å}^{-1}) \simeq 0.5\,E\,(\text{keV})$ の関係がある. この電磁波が固体中を通過する際におもに電子を励起して光電子となり, 光電子は固体中を飛行した後に真空中に飛び出す. その運動エネルギーや放出方向を測定することで励起前の電子の準位や運動について知ることができる.

2.3.1 エネルギー保存則

光励起の前後ではエネルギーが保存される. 終状態のエネルギー E_f は始状態のエネルギー E_i に励起に用いた光エネルギー $h\nu$ を足したもので $E_f = E_i + h\nu$ と表される. 通常, 真空に放出された光電子の運動エネルギー E_{kin} は真空準位 E_{vac} を基準とし, 正の値をとる. 他方, 固体の各電子状態のエネルギー準位から光電子を取り出すための結合エネルギー E_B はフェルミ準位 E_F を基準とし, 束縛側を正に定義する.

$$E_{kin}^{vac} \equiv E_f - E_{vac} \tag{2.1}$$

$$E_B \equiv -(E_i - E_F) = h\nu - E_{kin}^{vac} - \phi \tag{2.2}$$

真空準位とフェルミ準位の差が仕事関数 ϕ である[2]. 光電子の運動エネルギー分布には固体の電子状態密度が反映されている. 光電子分光はエネルギー保存則に基づき, 固体内部の電子構造のエネルギー準位を知る手法である. 固体の中の光電子は, 価電子帯の底のエネルギーをゼロ点にして運動する. フェルミ準位から, 価電子帯の底までのエネルギーを内部ポテンシャル V_0 とよび, ホログラム形成の際の運動エネルギーは

$$E_{kin}^{holo} \equiv E_{kin}^{vac} + \phi + V_0 \tag{2.3}$$

を使うことに注意する.

---

2) $\phi = E_{vac} - E_F$. 方位角の ϕ と混同の恐れがある場合は W を使う.

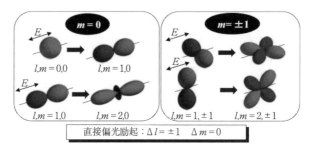

図 2.3 光電効果における角運動量保存の関係．量子化軸は電場ベクトルの方向．$m_l = 0$ の s や p_z 軌道は p_z や d_{z^2} 様の強度分布へ（左），$m_l = \pm 1$ の定在波で構成される軌道は $m_l = \pm 1$ の d 軌道様の強度分布へと励起される（右）．

2.3.2 角運動量保存則

光励起の前後では角運動量も保存される．光の角運動量は偏光，電子の角運動量は軌道磁気量子数という物理量に対応する．直線偏光は，偏光ベクトル e の向きを量子化軸とすると双極子近似では p_z 軌道様の球面調和関数 $|l = 1, m_l = 0\rangle$ で表現される．電子の軌道角運動量に光の角運動量が加減され，光電子の放出角度の強度分布にその角運動量が反映される．図 2.3 には始状態として原子軌道を，終状態として光電子放出強度分布を示した．光電子の放出角度分布から始状態の原子軌道が特定できる．たとえば 1s 軌道からは $2p_z$ 軌道状の分布へ，$2p_z$ 軌道からはおもに $3d_{z^2}$ 軌道状の分布へ遷移する．また，光電子の波動関数は光電子ホログラムの参照波となるため，光電子ホログラムの形成に影響を与える．シミュレーションやホログラム解析では基底状態と光の偏光の情報が重要になる．

2.3.3 オージェ電子励起

光電子放出により内殻空孔が形成されるとすぐさま上の準位から電子が緩和し空孔を埋める．その際，発生する余剰のエネルギーで浅い準位が励起され放出されるのがオージェ電子である．1 keV 以上深い内殻空孔の緩和の場合，余剰エネルギーは直接蛍光 X 線として放出される競合過程が支配的となる．オージェ電子・蛍光 X 線のエネルギーは関与する内殻準位の関係で決まり，励起光のエネルギーにはよらない．多重エネルギーホログラム測定には向かないが，X 線吸収分光と組み合わせた回折分光法が有効で，原子層分解磁気構造解析の研究例がある[8]．光電子と同

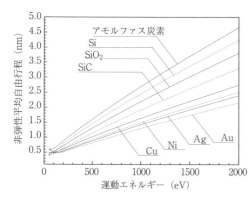

図 2.4 種々の物質の非弾性平均自由行程（IMFP）のエネルギー依存性．

様に，オージェ電子の波動関数もホログラムを解析するのに重要となる．大雑把にいって，励起される前の浅い準位の電子がもつ軌道量子数 l に対して，オージェ電子は軌道量子数 $l+1$ の波動関数の成分が多くなる．

2.3.4 非弾性散乱と平均自由行程

電子の吸収断面積と IMFP は，固体の組成にかかわらずおおよそ同一のエネルギー依存性を示す．これは，電子がおもに原子間に広がる価電子と相互作用し，価電子の伝導体への励起やプラズモンの励起というかたちで非弾性散乱されるためである．運動エネルギー 50 eV あたりの電子が価電子に対して最も大きい吸収断面積をもっている．数原子層の深さ以下にある場所から電子はほとんど表面へ到達しない．これよりも大きなエネルギー，あるいは小さなエネルギーをもつ電子の吸収断面積は小さくなり，IMFP は長くなる傾向にある．より厳密には田村らが発表した TPP2M 式により IMFP を見積もるとよい[9, 10, 11]．図 2.4 に代表的な物質の IMFP について示した．

2.4 光電子散乱

電子は非弾性散乱してエネルギーを失うものがあると同時に，弾性散乱する確率も大きい．電子は原子のクーロンポテンシャルと交換相互作用によって散乱され，これが光電子ホログラムを形成する原因となる．電子が原子に散乱される際には，

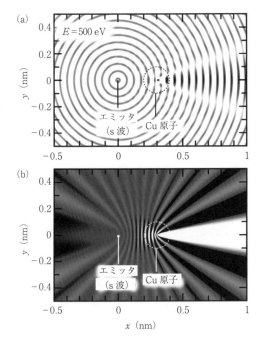

図2.5 原子によって電子波が散乱される様子のシミュレーション．光電子放出原子（エミッタ）から運動エネルギー $e = 500\,\mathrm{eV}$ の球面波（s波）が放出されて，0.3 nm の位置に置いた銅（Cu）原子で散乱される様子を示した．(a) 波動関数の実部．(b) 電子の確率密度．

原子は散乱体であるとともに凸レンズのような役割もする．電子は原子に衝突するのではない点に注意．原子を通過した電子波は収束し，散乱原子方向に強い強度を生じる．図2.5に示したシミュレーションでこの散乱の様子を確認できる．

この散乱の量子力学的な取り扱いについて触れよう．ここでは部分波展開による計算法を紹介する．これは原子近傍の波動関数のみ数値計算し，解析的な自由電子の波動関数に接続するという条件で解く方法である．まず，正の運動エネルギー E をもつ自由電子の波動関数を考える．これはシュレーディンガー方程式

$$\left[-\frac{\hbar^2}{2m}\Delta + V(r)\right]\psi(k,r) = E\psi(r) \tag{2.4}$$

を $V(r) = 0$ として極座標系で解く．この解はよく知られており，外向き進行波と内向きの進行波の基底関数が次式で与えられる．

$$\psi_{lm}^{+}(k,r) = (i+1)^l k h_l^{(1)}(kr) Y_{lm}(\theta_r, \phi_r) \tag{2.5}$$

$$\psi_{lm}^{-}(k,r) = (i+1)^l k h_l^{(2)}(kr) Y_{lm}(\theta_r, \phi_r) \tag{2.6}$$

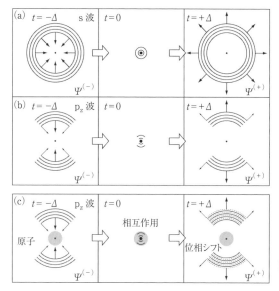

図 2.6 内向球面波から外向き球面波への運動.

l, m は波がもつ軌道量子数,磁気量子数,$r = |\mathbf{r}|$ である.$h_l^{(1)}(x)$, $h_l^{(2)}(x)$ はそれぞれ,第 1 種球ハンケル関数,第 2 種球ハンケル関数である.たとえば,$l = 0$, $m = 0$ のときは単純な球面波(s 波),$\psi_{00}^{\pm}(r) = \exp(\pm ikr)/r$ となる.また,$l = 1, m = 0$ の場合は p_z 軌道のような z 軸方向に分布した波になる.

さて,図 2.6(a)のように,原点に向かって内向きの s 波が進行しているとしよう.これは,そのまま原点を通過して,外向きの進行波になる.振幅は変わらない.p_z 波も同様で,z 軸方向に偏在した内向き波が原点を通過した後は,同様の分布のまま外向きの進行波となる(図 2.6(b)).つまり,波の角度分布 $Y_{lm}(\theta, \phi)$ は原点を通過した後も変わらない.

次に,原点に置いた原子がつくる球対称なポテンシャル $V(r)$ を考え,その相互作用半径を R とし,その外側のポテンシャルを 0 とする(図 2.6(c)).外からやってきた内向き波は原子の中に入った後,外に出ていくが,散乱前後で電子のエネルギーは変化しないので波数は変わらない.球形のポテンシャルなので,波の角度分布は変化しない.また電子の個数も変わらないので,波動関数の振幅も変わらない.唯一,波の位相だけが変化する.散乱計算とはこの位相シフトを求めることにほかならない.位相は相互作用の半径内($r < R$)の波動関数と,外側の自由電子

の波動関数をなめらかにつなげることで求められる必要がある．相互作用領域の波動関数 $\psi_{lm}^{\text{in}}(r)$ はシュレーディンガー方程式 (2.4) を数値的に解いて求める．中心から外側に向かって，半径 R のところまで計算すればよい．外側の基底関数は内向き波と位相シフトした外向き波の重ね合わせである．位相シフト δ_l は，相互作用領域の内側と外側の波動関数が滑らかにつながるように決める．

$$\psi_{lm}^{\text{out}} = \psi_{lm}^{-}(k,r) + e^{2i\delta_l}\psi_{lm}^{+}(k,r) \tag{2.7}$$

入射波の波面も基底関数 $\psi_{lm}^{+}(k,r)$，$\psi_{lm}^{-}(k,r)$ の重ね合わせで表現する．光電子を放出する原子を原点に置く．光電子の波動関数は双極子遷移プロセスによって決まる．一般に内殻準位は軌道磁気量子数の異なる状態が縮退しているので，光電子の波動関数も複数になる．よって L 状態の波動関数を次式のように記述する．

$$\varphi_L(k,r) = \sum_{lm} i^{l+1} k n_{Llm} h_l^{(1)}(kr) Y_{lm}(\theta_r, \phi_r) \tag{2.8}$$

n_{Llm} は，L 状態の波動関数を構成するための係数である．ここで，座標 $\boldsymbol{a}$ にある散乱原子を中心とする座標系に取り直すと，光電子の波動関数は $\varphi_L(k, |\boldsymbol{r} + \boldsymbol{a}|)$ と書き直せる．この関数を極座標関数で展開すると $r < R$ において，

$$\varphi_L(k, |\boldsymbol{r}+\boldsymbol{a}|) = k \sum_{l,m} \frac{1}{2} C_{Llm}(\boldsymbol{a}) i^{l+1} [h_l^{(1)}(kr) + h_l^{(2)}(kr)] Y_{lm}(\theta, \phi) \tag{2.9}$$

$$C_{Llm}(\boldsymbol{a}) = \frac{(-i)^{l+1} \iint \varphi_L(k, |\boldsymbol{R}+\boldsymbol{a}|) Y_{lm}^{*} \sin\theta \, d\theta \, d\phi}{j_l(kR)}$$

で与えられる．$\boldsymbol{R} = (R\sin\theta\cos\phi,\ R\sin\theta\sin\phi,\ R\cos\theta)$ で，$j_l(x)$ は球ベッセル関数を示す．部分波に展開すると，内向き波 $h^{(2)}$ と外向き波 $h^{(1)}$ が等しくつり合っている（単純な足し算の）状態である．散乱の際には内向きの波が原子に入り，位相が変化した外向きの波として出て行く．したがって，散乱状態の波動関数は

$$\hat{\varphi}_L(k,|\boldsymbol{r}+\boldsymbol{a}|) = k\sum_{l,m} \frac{1}{2} C_{Llm}(\boldsymbol{a})[e^{2i\delta_l}h^{(1)}(kr) + h^{(2)}(kr)]Y_{lm}(\theta,\phi) \tag{2.10}$$

が散乱状態の波動関数であり，ここから散乱波のみを取り出すと

$$\psi_L(k,\boldsymbol{r},\boldsymbol{a}) = \sum_{l,m} \frac{1}{2} C_{Llm}(\boldsymbol{a})(e^{2i\delta_l} - 1)h^{(1)}(kr) Y_{lm}(\theta,\phi) \tag{2.11}$$

が得られる．先に示した図 2.5 は上記の方法を用いて計算した．特徴として，光電

2.4 光電子散乱

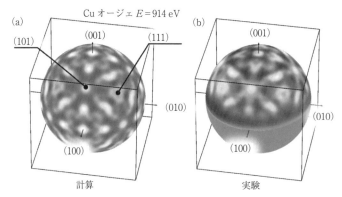

図 2.7 (a) 銅（Cu）単結晶からの LMM オージェ電子ホログラム（運動エネルギー 914 eV）のシミュレーション．半径 0.9 nm の原子クラスタを使用した．
(b) 実験で得られた LMM オージェ電子ホログラム．実験では表面の上側のホログラムしか観測できないため，データは球の上半分のみになる．

子放出原子と散乱体の延長線上に波動関数の強度が大きくなる部分が現れる．これは前方収束ピークとよばれている．この波動関数を2乗した光電子強度を遠方で観測したのが光電子ホログラムである．

実際の物質は多くの原子から構成される．また観測は無限遠方で行われるので，観測強度，すなわち光電子ホログラムは次式で与えられる．

$$I(\boldsymbol{k}) = \sum_L |\varphi_L(\boldsymbol{k}) + \sum_i \psi_L(\boldsymbol{k}, \boldsymbol{a}_i)|^2 \qquad (2.12)$$

ここで無限遠方の波動関数は次式のように再定義した．

$$\varphi_L(\boldsymbol{k}) \equiv \lim_{r \to \infty} \varphi_L(k, \boldsymbol{r}) \qquad (2.13)$$

$$\psi_L(\boldsymbol{k}, \boldsymbol{a}_i) \equiv \lim_{r \to \infty} \psi_L(k, \boldsymbol{r}, \boldsymbol{a}_i) \qquad (2.14)$$

図 2.7 に上記の式でシミュレーションした Cu LMM オージェ電子ホログラムを示す．面心立方格子の第1近接 {110} と第2近接 {100} の原子の方向に前方収束ピークが現れている．

オージェ電子ホログラムの理論値は実験をよく説明する．現実の実験ではさらにいろいろな条件でホログラムが観測される場合がある．たとえば，エネルギー損失電子にもコントラストが反転した光電子ホログラムに類似したネガ模様が現れる[12]．

2.5 原子像の再構成

ホログラムには 3 次元原子像の情報が含まれており,ここから 3 次元原子像を再生する必要がある.光電子ホログラムの場合は,蛍光 X 線ホログラフィーのようにフーリエ変換ベースの計算法では原子像は得られない.電子が原子によって散乱される過程で,電子波の位相が大きく変化し,散乱波が単純な s 波ではないことに起因する.そこで,一つの原子の散乱によって形成されるホログラムのパターン「散乱パターン」を解析関数として使うアルゴリズムを利用する[1, 2].

2.5.1 散乱パターン関数による解析

一つの原子による散乱については,前節で扱った.ホログラムの式 (2.12) を見ると,測定される回折模様は一つの原子が形成する回折模様の総和であることがわかる.そこで次式で示す散乱パターン関数を導入する.

$$t(\boldsymbol{k},\boldsymbol{a}) = |a| \sum_L [2\,\mathrm{Re}[\varphi_L^*(\boldsymbol{k})\psi_L(\boldsymbol{k},\boldsymbol{a})] + |\psi_L(\boldsymbol{k},\boldsymbol{a})|^2] \quad (2.15)$$

係数 $|a|$ は,散乱原子が光電子放出原子から遠くなるにつれて散乱強度が弱まることを補正する係数である.原子の分布を表す 3 次元関数 $g(\boldsymbol{a})$ を導入して,次式のように,原子が存在する場所にデルタ関数をおき,原子の分布関数を構成する.

$$g(\boldsymbol{a}) = \sum_h \frac{\delta(\boldsymbol{r} - \boldsymbol{a}_h)}{|\boldsymbol{a}_h|} \quad (2.16)$$

すると,次式の積分によってホログラムを計算できる.

$$\chi(\boldsymbol{k}) = \int g(\boldsymbol{a}) t(\boldsymbol{k},\boldsymbol{a}) \mathrm{d}\boldsymbol{a} \quad (2.17)$$

散乱パターン関数は 6 次元[3]の関数で,光電子やオージェ電子の遷移行列要素で決まる直接波のかたちが反映される.たとえば,運動エネルギーが 914 eV の s 波が Cu 原子によって散乱された場合の散乱パターン関数を図 2.8 に示す.図 2.8 (a) は散乱原子が $z = 0.3\,\mathrm{nm}$ に位置する場合である.z 軸上に前方収束ピークとよばれる強いピーク,そのまわりにリング状の回折リングが現れる.図 2.8 (b) は $z = 0.9\,\mathrm{nm}$ の場合である.原子の位置が遠くなるにつれて,散乱パターン関数の回

---

3) 散乱原子の位置・運動エネルギー・検出方位.

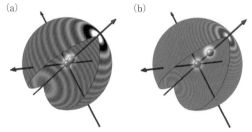

図 2.8 散乱パターン関数の例. $E =$ 914 eV の球面波（s 波）が銅原子による散乱. (a) 光電子放出原子と散乱原子の距離が 0.3 nm の場合. (b) 0.9 nm の場合.

折リング間隔が狭くなり，空間周波数が増大する．つまり，散乱パターン関数の前方収束ピーク方向が散乱原子の方位を，空間周波数が原子間距離を表す．このようにして原子配列の 3 次元情報がホログラムに記録されている．

実際に測定したホログラムは，さまざまな位置の原子が形成した散乱パターンの合成である．逆に，光電子ホログラムを個々の原子がつくる散乱パターンに分解できれば，原子位置が得られることになる．

2.5.2 散乱パターン関数を用いた原子像の再構成

式 (2.17) に従って，光電子ホログラムから原子の分布を表す関数 $g(\boldsymbol{a})$ を求めるには，実空間を 3 次元格子に分割したボクセルを使う．このボクセルは結晶格子構造と無関係につくってよい．j 番目のボクセルは場所 $\boldsymbol{a}_j$ に位置し，その値を g_j と定義する．また電子の強度を観測した波数を $\boldsymbol{k}_i$ と定義し，その点のホログラムの値を χ_i と定義する．i は測定点に対する指数である．すると式 (2.17) は，式 (2.18) となる．

$$\chi_i = \sum_{j}^{N} g_j t(\boldsymbol{k}_i, \boldsymbol{a}_j) \Delta V \tag{2.18}$$

ここで，ΔV はボクセルの体積であり，N はボクセルの総数である．この式は，3 次元実空間のボクセルから 3 次元波数空間のホログラムへと変換する線形連立方程式となる．しかし，この連立方程式は「未知数」の総数はホログラムのデータ数よりも圧倒的に多いため，単純な勾配法により解くことはできない．たとえば，単一エネルギーのホログラムを 1° の立体角の分解能で半球面を測定すると，測定点の総数（M）は約 20000 ± 1 nm の実空間領域を 0.01 nm の分解能で分割すると，ボクセ

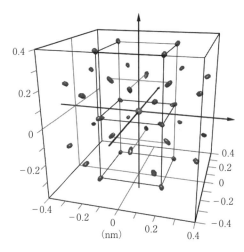

図2.9 計算によるCuオージェ電子ホログラムから再構成した3次元原子像.

ルの総数 (N) は 200^3 になる.実空間のボクセルは方程式の「未知数」に相当する.そこで修正エントロピー S を定義し,最大エントロピー法を利用して解を推定する.

$$S = -\sum_{j}^{N} g_j^{(n)} \ln \frac{g_j^{(n)}}{g_j^{(n-1)}} - \lambda C \tag{2.19}$$

$$C = \frac{1}{N} \sum_{i}^{N} \frac{\chi_i^{\text{exp}} - \chi_i^{\text{cal}}}{\sigma_i^2} - 1 \tag{2.20}$$

ここで (n) はイタレーションの回数である.χ^{exp} は,実験で得られたホログラム,χ^{cal} は計算によるホログラム,σ はノイズの標準偏差である.修正エントロピーを最大化することで,原子像が得られる.この計算法をSPEA-MEM (scattering pattern extraction algorithm with maximum entropy method) とよぶ.図2.9はCuのオージェ電子ホログラム(図2.7)からSPEA-MEMによって再構成した像である.

2.5.3 黒鉛原子配列の可視化

図2.10 (a) に黒鉛からの光電子ホログラムを示す.特徴的な6回対称の円弧状の模様は面内のC-C結合の回折リングである.図2.10 (b)〜(f) はSPEA-MEMで再構成した黒鉛の実空間原子配列像である[13].AB積層構造の黒鉛の場合,単位

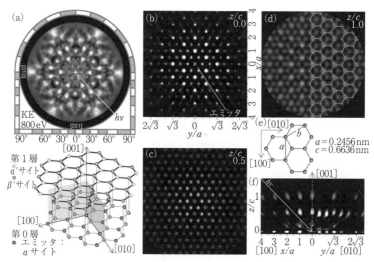

図 2.10 (a) 黒鉛の C 1s 内殻光電子角度分布．光電子ホログラフィー法による実空間像の励起原子サイトを含む，(b) 水平断面とそれぞれ，(c) 1 層上，(d) 2 層上の原子配列．(e) 黒鉛の原子構造．(f) 垂直断面．2 種のサイトからの像が重なっている．

胞に非等価な 4 種類の励起原子のサイトがあるので，実際に測定されるパターンはすべてのサイトの回折模様を足したものになり，再構成される原子配列も 2 種類の格子の重ね合わせとなる．層間方向の断面には黒鉛の積層構造が現れている様子がわかる．単層グラフェンにはこうした積層構造は当然現れない[14, 15]．

SPEA-MEM と適切な散乱パターン行列を使えば，3 次元の原子配列が再生できる．位相シフトは原子番号に依存するため，散乱パターンは元素ごとに異なる．原子番号が倍ほど異なる場合，元素ごとに散乱パターンを用意し散乱原子の元素を識別した再構成が可能となる．InP の結晶格子を再現した成功例がある[16]．

2.5.4 円偏光励起と原子立体写真

円偏光は $p_{\pm 1}$ 軌道様の球面調和関数 $|1, \pm 1\rangle$ に対応した電場である．光の伝播方向を z 軸とすると x 偏光成分と y 偏光成分が位相差 $\pm 90°$ をもつ．時間の経過とともに電場ベクトル e が右手系の xy 平面上で，x 軸から y 軸の方向へ回転（光源側から見て時計回り）する円偏光は $\sigma = +1$，逆回転するものは $\sigma = -1$ のヘリシティーをもつ，と定義する．左右の円偏光ともよぶが，下流から見た場合逆とな

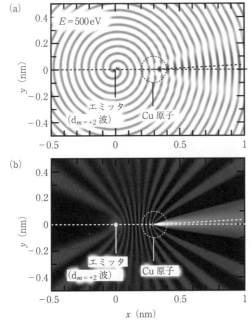

図 2.11 (a) 円偏光によって p 電子が励起された場合の波動関数（実部）と Cu 原子による散乱．(b) 電子の確率密度．

り，見る方向により混乱するので注意を要する．励起過程前後にて系全体の角運動量は保存される．励起過程では励起光のヘリシティー $\sigma = \pm 1$ に対応して，光電子の角運動量が増減する（$\Delta_{ml} = \pm 1$）．図 2.11 に円偏光で励起した場合の波動関数を示す．紙面に垂直に円偏光（$\sigma = +1$）を入射し，$p_{m=+1}$ 状態を励起すると，終状態は $d_{m=+2}$ になる．この波動関数はスパイラルな波面をもっているため，原子で散乱されると，前方収束ピークや干渉縞はヘリシティーの方向にシフトする．この現象を活用したのが原子立体写真法[17]である．

図 2.12 は InSb（001）からの光電子回折の例である．In 3d の場合，[111] 方向に第 1 近接の Sb 原子があり，対応する方向に明るい前方収束ピークが観測される．Sb 3d の場合は [$\bar{1}11$] 方向に第 1 近接の In 原子の前方収束ピークが現れる．円偏光を用いていると前方収束ピークは視差角シフトを示す．原子間距離 R にある原子による前方収束ピークの円二色性の視差角シフト $\Delta\phi$ は次式で表される．

$$\Delta\phi = \frac{m^*}{kR\sin^2\theta} \quad (2.21)$$

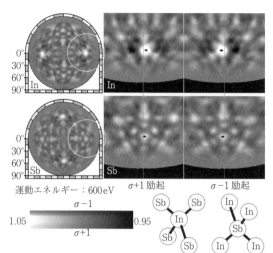

図 2.12 InSb (001) 表面からの In 3d および Sb 3d の光電子ホログラム．運動エネルギーはともに 600 eV．

k は光電子の波数，θ は入射光と光電子の出射方向がなす角である．また光電子の角運動量 m^* は励起される軌道の角運動量 m_i と光の偏光 σ の和で，θ に依存する．[111] 方向の前方収束ピークを比較すると，Sb から見た In が In から見た Sb よりも 3 倍遠いところにあるので視差角もそれだけ小さいものとなっている．

異なるサイトからの前方収束ピークは異なる方向に現れるため，光電子放出原子の占有サイトが特定できる．たとえばドーパントが In サイトにあるか，Sb サイトにあるか調べるのにはドーパント原子の内殻光電子回折を In や Sb のものと比較すればよい．価電子帯に適応すると元素選択的な状態密度分布が得られる．

2.6 光電子ホログラフィーの展開

最後に光電子ホログラム研究の留意点をならべる．光電子ホログラムの振幅は参照波の強度の数十%もあるため，バルク結晶のホログラム測定は比較的容易である．他方，不純物のホログラムを取得する際は，母結晶のシグナルの影響に注意し，シグナル/ノイズ（S/N）比を十分に確保した測定が重要となる．光電子の運動エネルギーは，400 eV 以上が望ましい．これは光電子の運動エネルギーが大きいほど，電子の波長が短くなり，分解能が向上する点と，電子が物質を出てくるとき

に，内部ポテンシャルによって屈折するが，この効果が小さくなる点，後述の散乱パターン関数の形状が解析しやすくなるのが理由である．ただし，運動エネルギーが大きくなると，表面に対する感度が下がってくるため，表面を観測する場合は，これに注意を払う必要がある．また，ホログラフィーアルゴリズム SPEA-MEM を利用するためには，単一エネルギーで十分であるが，電子の強度の 2 次元角度分布を立体角 1π sr（ステラジアン）以上にわたって測定する必要がある．また，角度精度は少なくとも $1°$ は必要である．さらに，励起する内殻準位の軌道量子数についても注意を払う必要がある．終状態の軌道量子数が大きいと，参照波の節となる方向が多く現れるため，干渉縞が弱くなってしまう．したがって，内殻準位では s 軌道が最もホログラム再生時に精度が高く，f 軌道は精度が落ちる傾向になる．

現在，収束ビームを利用した顕微光電子ホログラフィーや光電子回折顕微鏡，種々の分光法と組み合わせたホログラフィー分光法，ポンププローブ法による超高速光電子ホログラフィーなど急速に手法開発が進んでいる．新機能材料への展開もまた進行中である．

2.7 蛍光 X 線ホログラフィーの概要

蛍光 X 線は，X 線がある原子の内殻電子を励起し，それが基底状態にもどる際に発する X 線である．蛍光 X 線は波長が元素によって特有の値を示すために，古くから元素分析に用いられてきた．測定時に真空などを必要とせず，非破壊で行えるために，材料の組成分析や生体試料における微量元素分析，製品管理，考古学における起源解明などきわめて広い応用事例がある．

一方，この蛍光 X 線の回折現象を利用した構造解析技術も古くから存在する．たとえば，コッセル線は，蛍光 X 線が単結晶内においてブラッグ反射することによって形成される 2 次元パターンであり，古くは，結晶性の評価などに利用されてきた．そのコッセル線[18]が発見されたのは，1935 年であり，1 世紀弱前のクラシックな技術といえる．広義に解釈すれば，このコッセル線も蛍光 X 線ホログラフィーの一部であったわけだが，それが原子の配列を記録したホログラムだと提唱されたのは，1986 年になってからである．その後，検出器の発達も相まって，ホログラフィーとしての研究が急速に進むことになった．

同じ原理を利用する光電子ホログラフィーは，光電子強度のバックグラウンドに対する振幅が20～50%あるために測定が行いやすく，そのために，比較的早い1990年にそのパターンの観測がなされ[19]，原子像の再生まで行われていた．一方で，0.1%程度の振幅しかもたない蛍光X線ホログラフィーも，1996年には，テグゼ（M. Tegze）とファイゲル（G. Faigel）というハンガリーの研究者によってデモンストレーションが行われた[20]．通常のX線管球を用いた彼らの実験では，十分に統計精度を稼ぐために，3か月の測定時間を要した．そのため，高強度の単色X線が必要とわかり，そのアクティビティーは，すぐに放射光に移ることとなった．

高強度のX線と先端の検出システムを組み合わせることによって，3か月の測定時間は数時間に短縮された．また，再生される原子像の分解能は0.5Åに達し[21]，酸素などの軽元素も可視化できるようになった[22]．また，測定できる試料は，方位対称性を要するために，アモルファスや粉末試料は測定できず，数mmサイズ以上の単結晶やエピタキシャル膜が対象となる．ただし，ロングレンジオーダーをもつ結晶のみでなく，クラスタや表面吸着物，ドーパント[23]，準結晶[24]なども適用可能である．

2.8 蛍光X線ホログラフィーの原理

2.8.1 ノーマル法とインバース法

蛍光X線ホログラフィーには，ノーマルおよびインバースという2種類のモードが存在する．図2.13は，その両モードを，単純な二量体モデルを用いて説明したものである．図2.13（a）に示しているノーマルモードにおいては，まず，原子Aが入射X線によって励起され，蛍光X線を放出している．蛍光X線の光波の一部は，非常に低い確率であるが，近接原子Bによって散乱され，散乱されない蛍光X線の波と遠方で干渉する．これら散乱された波と散乱されない波が，それぞれ，ホログラフィーにおける物体波と参照波の役割を果たす．したがって，ホログラムとは，蛍光X線の2次元的な空間強度分布そのものとなる．

二量体の場合，ホログラムパターンは比較的簡単な式で表すことができる．原子AとBの距離d，蛍光X線の出射角をθとすると，物体波と参照波の行路差は，

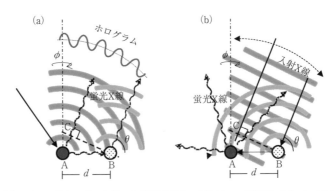

図 2.13 二量体モデルを用いた蛍光 X 線ホログラフィーの原理. (a) ノーマルモード. (b) インバースモード.

$d(1-\cos\theta)$ と表すことができる. 原子によって散乱される際に, 蛍光 X 線の波が位相 π だけシフトするので, 蛍光 X 線の波長を λ とすると, $d(1-\cos\theta)/\lambda$ が半整数のときに, 蛍光 X 線の強度の最大値が現れる. 図 2.13 の原子 B の散乱因子を $f(\theta, \lambda)$ としたときに, 蛍光 X 線の強度 $I(\theta, \lambda)$ は,

$$I(\theta, \lambda) = \left| 1 - \frac{\lambda r_e f(\theta, \lambda)}{2\pi d} e^{i2\pi d(\cos\theta - 1)/\lambda} \right|^2$$

$$= 1 - 2\mathrm{Re}\left(\frac{\lambda r_e f(\theta, \lambda)}{2\pi d} e^{i2\pi d(\cos\theta - 1)/\lambda} \right) + \left| \frac{\lambda r_e f(\theta, \lambda)}{2\pi d} e^{i2\pi d(\cos\theta - 1)/\lambda} \right|^2 \tag{2.22}$$

と表すことができる. ここで, r_e は古典電子半径である. X 線に対する原子散乱断面積はきわめて小さいため, $\lambda f(\theta, \lambda)/2\pi d$ は 10^{-3} 以下となる. したがって, 式 (2.22) は,

$$I(\theta, \lambda) \cong 1 - 2\mathrm{Re}\left(\frac{\lambda r_e f(\theta, \lambda)}{2\pi d} e^{i2\pi d(\cos\theta - 1)/\lambda} \right) \tag{2.23}$$

と近似することができる式 (2.23) の第 2 項が原子 B の位置を記録したホログラムとなる.

図 2.13 (b) には, インバースモードの原理を示す. インバースモードは, ノーマルモードの時間反転バージョンであり, 基本的にはノーマルモードと等価なホログラムが記録できる[25]. ここでは, 原子 A に直接近づく入射 X 線の波が参照波,

そして，原子Bによって散乱された後で原子Aに近づく波が物体波としての役割を果たす．これら参照波と物体波は，原子Aの周辺でX線定在波を形成する．このX線定在波のパターンは，入射X線の方位によって変化し，結果として，原子Aからの蛍光X線の強度変化をもたらす．この蛍光X線の強度の，入射X線の方位に対する関数が，ノーマルモードと等価なホログラムとなる．したがって，式(2.1) もしくは式 (2.23) も，そのままインバースモードに適用される．ただし，その場合，θは入射X線の方位角，λは入射X線の波長となる．

このように，インバースモードの場合，入射X線の波長でホログラムを記録するために，原子Aの吸収端以上のX線の波長すべてでホログラムを記録することができる．この点は，蛍光X線の波長でしかホログラムを記録できないノーマルモードと大きく異なる．多くの波長でホログラムを記録することによって，原子像におけるさまざまなゴーストイメージを抑えることができ，より正確な原子像が得られる．そのような理由から，近年の蛍光X線ホログラフィーの実験は，ほとんど，インバースモードで測定されている．

より現実的な大きな原子クラスタを計算モデルとして用いる場合には，式(2.23) を拡張した式 (2.24) を用いるほうが便利である．入射X線の波数ベクトルを$\boldsymbol{k}$とした場合の蛍光X線の強度を$I(\boldsymbol{k})$は以下のように表すことができる．

$$I(\boldsymbol{k}) \simeq 1 - 2\mathrm{Re}\sum_j \left[\frac{r_e f_j(\theta_{\boldsymbol{r}_j}^{\boldsymbol{k}})}{r_j} e^{i(-\boldsymbol{k}\cdot\boldsymbol{r}_j - kr_j)} \right] + \left| \sum_j \frac{r_e f_j(\theta_{\boldsymbol{r}_j}^{\boldsymbol{k}})}{r_j} e^{i(-\boldsymbol{k}\cdot\boldsymbol{r}_j - kr_j)} \right|^2 \tag{2.24}$$

ここで，$\boldsymbol{r}_j$はj番目の原子の座標であり，f_jはj番目の原子の原子散乱因子である．$\theta_{\boldsymbol{r}_j}^{\boldsymbol{k}}$は$\boldsymbol{k}$と$\boldsymbol{r}_j$のなす角である．式 (2.24) はインバースモードの場合の式であるが，$\boldsymbol{k}$を$-\boldsymbol{k}$に入れ替えることによって，ノーマルモードでも使用できる．2項目が，式 (2.22) の場合と同じくホログラムとなる．第3項目は，ブラッグ条件を満たすとき以外は，非常に小さい値になるために無視できる．

2.8.2 原子像再生と多波長記録

光学ホログラフィーの場合は，ホログラムを記録した感光板に，参照波を照射することによって，もとの物体の像が結像される．蛍光X線ホログラフィーの場合に

は，そのような方法で原子像を再生することはできないが，コンピュータを用いてホログラムをフーリエ変換することによって原子像を得ることができる．

以下の式 (2.25) は，3次元フーリエ変換ともよべるヘルムホルツ-キルヒホッフの式[26, 27]である．

$$U(\boldsymbol{k}) = \iint e^{-ikr} \chi(\boldsymbol{k}) \mathrm{d}\sigma \tag{2.25}$$

ここで，$\chi(\boldsymbol{k})$ はホログラムであり，$I(\boldsymbol{k})$ から振動成分のみを取り出したものである．$\mathrm{d}\sigma$ は，$\boldsymbol{k}$ 空間において球面体となるホログラムの微小面積を指す．この式を用いてもホログラムから原子像を再生させることはできるが，多波長ホログラムから再生させる場合には，次式を用いる[28]．

$$U(\boldsymbol{k}) = e^{ikr} \iint e^{-ikr} \chi(\boldsymbol{k}) \mathrm{d}\sigma \tag{2.26}$$

この式は，式 (2.25) に e^{ikr} を掛けたものであるが，異なる波長のホログラムからの $U(\boldsymbol{k})$ を足し合わせることで，真の原子像のみを強調させ，ゴーストイメージを低減させることができる．図2.14に示す二量体モデルのホログラムと再生像を用いて多波長再生法の原理を示す．

図2.14 (a) に示す二量体の片方の原子は散乱体であり，もう片方は，蛍光X線発光体と仮定している．図2.15 (a) は，その二量体モデルから計算された蛍光X線ホログラムである．原子Aから蛍光X線が放出され，原子Bを散乱体としている．また，インバースモードによって，入射X線の波長が1.03Å（エネルギー12.0 keV）のものを用いたと仮定している．ホログラムを波数空間において表示しているが，この場合 k_x 軸を中心とし，何重ものリングパターンが形成されることが

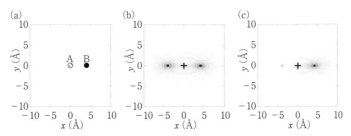

図2.14　多波長再生法．(a) 二量体モデル．(b) 短波長ホログラムから再生された像．(c) 多波長ホログラムから再生された像．

わかる．これにフーリエ変換を施すことにより，図 2.14（b）に示すような原子像が得られる．原子像の位置はリングの中心の方位（この場合 k_x）と，リングの間隔により決定される．リングの間隔が狭いほど原子像は原点から遠くに再生される．

一方，図 2.14（b）の再生像には，$x = \pm 4\,\text{Å}$ の位置に2か所再生されているが，もとの原子は $x = 4\,\text{Å}$ の1か所しか存在しない．このように，原点を中心とした点対称位置に原子が再生されることを，ホログラフィーにおける双画像問題とよんでいる．この双画像問題は，複雑な原子配列の再生を行う際において，像の消失やアーティファクトとよぶゴーストイメージの出現など，さまざまな原子像の劣化を引き起こす．したがって，この双画像問題は解消すべきものであり，多波長再生法がその解決に最もよく用いられている．図 2.14（b）は，1.03 Å（12.0 keV），0.99 Å（12.5 keV）および 0.95 Å（13.0 keV）の三つの波長で測定した，同じ二量体からのホログラムパターンである．ここで，三つのホログラムは，右端をそろえ重なるように表示してある．この場合 k_z の方向から見ると，それぞれのホログラムの縦縞のパターンが一致していることがわかる．このように波長を変えたホログラムでも，散乱体が一つの場合には，干渉パターン自体は変化せずに，それを表示できる範囲が変わるだけである．またそれぞれの干渉パターンの位相は，原子の存在する方向のホログラムの端をそろえたときに一致することも重要なポイントである．

多波長再生アルゴリズムはこのようなホログラムの性質を利用している．図 2.15 (b) のように，k_x 方向の右端をそろえ，全部のホログラムを一遍にフーリエ変換すれば像が強く再生されるはずであるが，左端をそろえると位相がそろわなくなるために，像強度は減少する．この多波長ホログラムを用いて再生した原子像を図 2.14 (c) に示す．ここでは，多波長法の効果を強調させるために，上記三つのホログラムに加え，さらに 0.92 Å（13.5 keV）および 0.88 Å（14.0 keV）のX線の波長で記録したホログラムも用いた（合計五つ）．得られた再生像において，$x = 4\,\text{Å}$ の位置のものは依然として強く再生されているが，$x = -4\,\text{Å}$ の位置のものは，その強度が大きく減少していることがわかる．二量体の計算ホログラムの場合の多波長法の効果は顕著であるが，実験データの場合においても効果は絶大である．格子ひずみなどのとくに定量的な物理情報を得ようとする場合，10 枚程度の多波長ホログラムが必要となる．

一方，10 枚の多波長ホログラムを測定しようと思えば，その分だけ測定時間が必

32　　2　光電子ホログラフィーと蛍光 X 線ホログラフィー

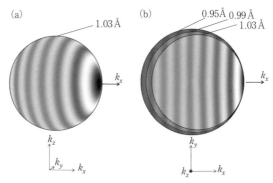

図 2.15　一つの散乱原子からのホログラム．(a) 鳥瞰図（単波長）．(b) k_z 方向からのホログラムパターン（3 波長）．

要となり，ビームタイムの制限のある放射光実験施設における測定では，十分な数のホログラムを測定できないケースもある．そのような場合には 2.5.2 項の松下らの開発した SPEA-MEM とよぶ原子像再生アルゴリズムを用いる[2]．SPEA-MEM は，ある原子配列を用いて計算されたホログラムを実測値とフィッティングさせることによって，実空間像を計算するものである．

2.9 実験装置

図 2.16 (a)，(b) は，それぞれ，ノーマルモード，インバースモードにおけるホログラム測定法の概念図である．(a) のノーマルモードにおいては，一次ビームによって励起された蛍光 X 線の空間強度分布がそのままホログラムとなる．したがって，広い面積の 2 次元検出器があれば，試料や検出器を動かすことなく測定できる．ただし，試料からは，目的の元素以外の原子からも 2 次放射線が放出されることが多い．複数元素の蛍光 X 線が分離できずに検出された場合，さまざまなパターンの平均値となり，実質的に目的のホログラムは測定できない．このため，検出器には，目的の放射線のみを選択できるエネルギー分解能があることが望ましい．蛍光 X 線ホログラフィーの場合，適当なエネルギー分解能をもつ 2 次元 X 線検出器がいまのところないため，高いエネルギー分解能をもつ 1 素子半導体検出器を，試料まわりに走査してホログラム測定することが多い[28]．

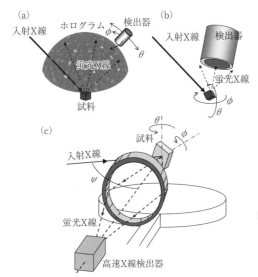

図 2.16 ホログラム測定の概念図．(a) ノーマルモード．(b) インバースモード．(c) 円筒状分光結晶と高速 X 線検出器を組み合わせた実験配置．

図 2.16 (b) のインバースモードの測定においては，励起ビームに対して，試料の方位を 2 次元的に変化させて，そのときの目的元素からの蛍光 X 線の強度変化を測定することによってホログラムを測定することができる．基本的には，すべての方位に放出される蛍光 X 線を残さずに検出することが理想的である．しかしながら現実的には難しいので，図のように検出器を近づけて，なるべく広い立体角で検出することが望ましい．われわれは，半導体検出器の代わりに，図 2.16 (c) のように湾曲した分光結晶と高速 X 線検出器アバランシェフォトダイオードを組み合わせた検出システムを使うことが多い．この場合，蛍光 X 線の受光立体角は減るが，1 秒間に計測できる X 線光子の数は 3 桁以上向上するため，数時間でのホログラム測定が可能となる．高強度の X 線が得られる放射光実験施設において，よく使われるシステムである[29]．

蛍光 X 線ホログラフィーに用いる試料は，形状効果による蛍光 X 線の強度変調を避けるために，試料表面は研磨していることが望ましい．X 線の入射角 θ が大きい場合でも，試料からこぼれないようにするために，ミリメートルオーダーのサイズの試料が必要となる．ただ，数 μm の X 線を使用することができれば，原理的には，マイクロメートルオーダーの試料を測ることもできる．また，測定において，試料の回転角 ϕ と X 線の入射角 θ の角度ステップは 1° 程度，もしくはそれ以下で

あり，なるべく波数空間における体積を稼ぐために，走査する角度範囲は $0° \leq \phi \leq 360°$ および $0° \leq \theta \leq 80°$ などの広い範囲が望ましい.

2.10 データ処理

2.10.1 ノーマル成分の除去

測定された蛍光X線の強度 $I(\phi, \theta)$ は，以下の式によって，バックグラウンドに対する変動を抽出する．

$$\chi(\phi, \theta) = [I(\phi, \theta) - I_0(\theta)]/I_0(\theta) \tag{2.27}$$

ここでは，$I_0(\theta)$ は角度 θ における蛍光X線強度の平均値である．図 2.17 (a) は，その結果得られたホログラムパターンであるが，縦方向のストライプが観測されることがわかる．蛍光X線の出射角 ψ を固定した上記の実験配置を用いると，得られるホログラムパターンは，1 次元的なノーマルホログラムの成分と 2 次元的なインバースホログラム成分の和となる．ストライプは，ノーマル成分によるものである．これは，フーリエフィルタリングで除去でき，純粋なインバースホログラムを抽出できる．たとえば，図 2.17 (b) は，図 2.17 (a) のパターンを ϕ, θ 方向に 2 次元フーリエ変換を行ったものであるが，1 次元成分が $\omega_\theta = 0.0$ 付近に比較的強いスポットをつくっていることがわかる．これらのスポットを除去し，逆フーリエ変換を行ったものが図 2.17 (c) である．

2.10.2 対称性を用いたホログラムの拡張

測定されたホログラムパターンは，図 2.18 に示すような波数空間において表示することが多い．この空間におけるホログラムのフーリエ変換が直接的に実空間像になるからである．入射X線の波長，走査角度 ϕ および θ から波数空間 (k_x, k_y, k_z) への変換は次式で行われる．

$$\begin{aligned} k_x &= |k|\cos\phi\sin\theta \\ k_y &= |k|\sin\phi\sin\theta \\ k_z &= |k|\cos\theta \\ |k| &= 2\pi/\lambda \end{aligned} \tag{2.28}$$

図 2.18 (a) に前項のデータ処理を行った後のホログラムパターンを示す．この

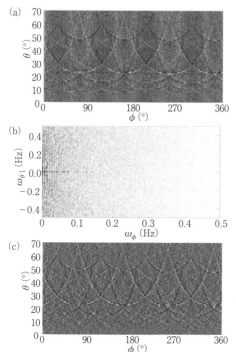

図 2.17 ノーマル成分除去のためのデータ処理．(a) 生データ．(b) (a) をフーリエ変換したもの．(c) (b) の $\omega_\theta = 0.0$ 付近の強いスポットを取り除いた後に逆フーリエ変換を行ったもの．

データは，12 keV ($\lambda = 1.03$ Å) の入射 X 線で測定した金単結晶のホログラムである．地球儀にたとえると，パターンは北半球の一部しか存在しないが，これは実験上の制約で，θ の角度範囲が 75° 以下であるためである．しかしながら，この状態で式 (2.25) もしくは式 (2.26) を適用すると，k_z 方向のホログラムの範囲が狭いために実空間像では分解能が悪くなる．

このような問題点を解消するために，結晶の対称性を利用して完全球面体まで拡張できる．この操作は，X 線定在波線（ノーマルモードの場合にはコッセル線）を指標にするため，角度ずれなく，かなり正確に行える．ここで用いている試料は面心立方格子である金であり，結晶学的な対称性は高い．このため，図 2.18 (b) に示すような完全な球面体に拡張できる．ただし，このような対称操作は，対称性のよい結晶構造をもつ材料に限定され，すべての試料に適用できるわけではない．

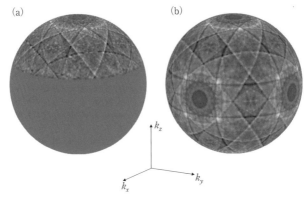

図 2.18 波数空間におけるホログラムパターン．(a) 生データ．(b) 結晶の対称性を用いて拡張したもの．

2.11 原子の揺らぎと原子像

図 2.19 (a) は，ZnTe 単結晶の多波長ホログラムから得られた Zn 原子周辺の (110) 面の原子像である．ホログラムは，11.0～14.0 keV（0.5 keV ステップ）の範囲の入射単色 X 線を用いて測定している．図から，像強度は原子番号が大きいほど強く，また，原点から遠ざかるに従って減衰していくことがわかる．このように，半径 10 Å 以下で観測されるすべて原子像の強度をプロットしたものを，図 2.19 (b) に示す．強度変化がジグザグしているのは，横軸に Zn 原子からの距離をとると，Te と Zn が交互に現れるためである．また，同グラフに，計算によるホログラムから再生した原子像の強度変化もプロットした．実験値および計算値の原子像強度は，第 1 近接のもので規格化してある．グラフからわかるように，両者の強度変化は非常によい一致を示している．このように，少なくとも標準試料に対しては，10 波長程度の多波長ホログラフィー法を用いれば，像強度は計算によって再現できることがわかる．一見，当たり前のことのように感じる読者も多いと思うが，波長の数が少ない場合には，入射 X 線の消光効果[30]や双画像問題が大きく影響し，このように一致させることは困難である．また，このようなことが可能になった背景には十分な統計精度でホログラムを測定する技術が貢献している[31]．計算と実験値が合うという点は，未知試料を解析するうえで重要なポイントとなる．

蛍光 X 線ホログラフィーの応用研究は，格子ひずみなど原子の揺らぎを伴うも

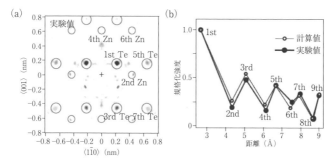

図 2.19 ZnTe (110) 面の (a) 原子像および (b) 原子像強度の中心からの距離による変化.

のが多い．そのため，原子位置の特定位置からのずれと，原子像の変化の関連を調べる必要がある．まずは，単純な Zn-Te の二量体モデルを用い，散乱体である Te 原子にある分布を与えてホログラムを計算した．ここでは，図 2.20 (a) および (b) に示すように，Te が Zn に対して角度方向にのみシフトする円盤状分布と，動径方向のシフトも考慮した球形状分布の 2 種類を仮定した．(a) のモデルの必要性は，おもに第 1 近接原子に対してである．一般的に，2 原子間の結合距離は強固である場合が多く，物質の組成が変わり格子定数が変化した場合でも，結合距離は保たれている場合が多い[32]．このため，格子ひずみを緩和させるためには，角度方向のシフトが重要な役割をもつ．一方，第 2 近接以降の原子に対しては，このような拘束を考える必要がないので，球状分布で考えて差し支えない．

　図 2.20 (a)，(b) に示す原子像は，それぞれ，円盤および球状にガウス分布をもたせた Te 原子からの多波長ホログラムから再生させたものである．ここで，入射 X 線のエネルギーは，11.0～14.0 keV (0.5 keV ステップ) と仮定した．ガウス分布の半値半幅である σ を大きくした場合に，原子像のサイズはさほど変わらずに，強度のみが大きく減衰していることがわかる．これは，ホログラムから再生される原子像の分解能が 0.5 Å であることに起因する．したがって，この範囲内で原子位置に分布をもたせても，像の形状には大きな影響を与えない．図 2.20 (c) は，σ の値を変えた際の，原子像の強度変化をプロットしたものである．この図より，強度変化は，2 次元的な円盤状分布よりも 3 次元的な球状分布のほうが大きいことがわかる．

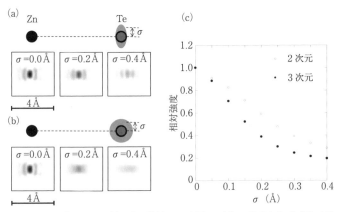

図 2.20 原子像における揺らぎの効果．Te 原子に (a) 2 次元および (b) 3 次元的な揺らぎを与えた場合の原子像の変化．(c) 原子像強度の揺らぎ (σ) 依存性．

2.12 応用事例

2.12.1 ドーパント

単結晶中のドーパントの解析は，蛍光 X 線ホログラフィーの最も重要な応用の一つである．数 nm 先の広い範囲にわたって 3D 原子像を再生できるという特徴から，ドーパント周辺の局所格子ひずみに関して有益な情報を得ることができる．このような構造的性質は，半導体などの電子物性に大きく関与している．われわれは，赤外線通信などに用いる InSb に 0.5% ドープした Ga の蛍光 X 線ホログラムを測定した．また，標準試料として GaSb の Ga 蛍光 X 線ホログラムも観測した[33]．

図 2.21 (a) および (b) は，それぞれ，$In_{0.995}Ga_{0.005}Sb$ および GaSb の Sb 面 ((001) 面) の原子像である．この Sb 面の $a/4$ 下の面を中心に発光原子である Ga が存在する (a は格子定数)．この両者を比較した際の，最も大きな違いは，第 1 近接原子の強度である．$In_{0.995}Ga_{0.005}Sb$ の場合には，近接の Sb 原子像は非常に弱く，GaSb の場合には強く観測されている．第 1 近接原子の強度は標準試料の 37% である．このように強度が減少する理由は，図 2.20 の結果を考慮すると，原子半径の異なる Ga が In サイトに置換することによって，第 1 近接 Sb が大きく揺らいでいることが考えられる．この濃度における Ga-Sb 原子間距離は 2.67 Å であり，マトリクスであ

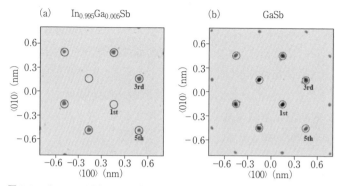

図 2.21 ドーパント周辺の原子像の見え方. 原子像は, 中心原子である Ga よりも $a/4$ 上の Sb 面を表示している (a は格子定数). (a) $In_{0.995}Ga_{0.005}Sb$. (b) 標準試料である GaSb.

る In-Sb 原子間距離は 2.80 Å であることを考えれば, 約 0.13 Å 内側にシフトしていることになる. しかし, 単純に内側にシフトするだけならば, 原子像の強度は減衰することはない.

XAFS (X-ray absorption fine structure: X 線吸収微細構造) の結果から, Ga-Sb 原子間距離はかなり強固であり, 動径方向の揺らぎも 0.05 Å と非常に小さいことがわかっている. このため, 図 2.20 (a) に示すように, 角度方向にのみ大きく揺らいでいることがわかる. この角度方向の分布を計算すると, $\sigma_a = 0.37$ Å と非常に大きな値となった. 動径方向の揺らぎは, X 線吸収微細構造法からわかっており, $\sigma_r = 0.05$ Å である. このような変化は, $Cd_{0.04}Zn_{0.96}Te$ における Zn 周辺の構造にも見られる[34]. したがって, ドーパント周辺の第 1 近接原子が, 動径方向よりも角度方向に大きく変化するという現象は, 比較的ユニバーサルな現象なのだと考えられる. さらに遠方まで原子像強度を定量的に解析すると, Ga から遠ざかるに従い, $In_{0.995}Ga_{0.005}Sb$ と GaSb の原子像の強度値が近づく. このことは, 原子位置が安定化しひずみの緩和が起きていることを示している. ただし, 第 3 近接原子の強度も標準試料の 71% であることから, 揺らぎが持続しており, 十分に緩和していないこともわかる.

2.12.2 不均質系

蛍光X線ホログラフィーは,格子が大きくひずんでいる不均質系に対しても強力な手法である.たとえば,リラクサー強誘電体は誘電率や圧電係数が非常に高いことから,すでに実用材料として市場に供されている.しかしながら,原子レベルできわめて不均質であることから局所構造の詳細な研究が困難であり,その高機能物性の微視的起源は解明されていない.本項では,古くから研究されている $Pb(Mg_{1/3}Nb_{2/3})O_3$ の構造評価について紹介する[35].

図2.22 (a) にニオブ原子の蛍光X線から得られたホログラムをもとに再生した3次元像を示す.これは,ニオブ原子を起点にした場合,まわりの原子が相対的にどのように配置しているかを表しており,結晶中すべてのニオブ原子まわりの情報が重ね合わされている.図中の立方体は,理想的なペロブスカイト構造を仮定した場合の単位格子の八象限の一つである.理想的な場合,鉛原子は Nb から見た対角の頂点に位置するはずであるが,〈111〉方向に対称的に四つに分裂して観測されている.このことは,図2.22 (b) に示すように結晶内部に,〈111〉方向に伸縮した扁長 (acute),扁平 (obtuse) 2種類の菱面体構造が形成されているとすれば説明可能である.たとえば,扁長菱面体のケースでは,立方体を〈111〉方向に膨張させると〈111〉に垂直な方向へは圧縮する.これらに対応する原子は,それぞれ原子像4および2として再現される.扁平菱面体の場合も同様に,原子像1および3を説明できる.

このような扁長,扁平菱面体はランダムに配列すると不整合を生じるが,〈111〉方向に交互にならぶネットワーク構造を形成することによって,全体として結晶を

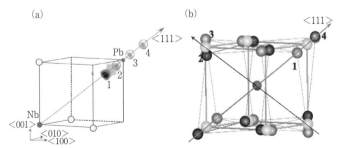

図2.22 (a) リラクサー強誘電体 $Pb(Mg_{1/3}Nb_{2/3})O_3$ における Nb から見た Pb の原子像.(b) 導き出された扁長,扁平2種類の菱面体構造.

保つことができる．また，そのネットワーク構造は長距離にわたって形成されているわけでもなく，1～2 nm 程度の短範囲であることもわかっている．このため，ここでのネットワーク構造は X 線回折では観測できない．本結果は，蛍光 X 線ホログラフィーは不均質系の局所構造解析に対して有用であることを示している．

謝　辞

ここに記すデータの多くは，熊本大学　細川伸也教授や広島市立大学　八方直久准教授との共同研究によるものである．ここに感謝の意を表する．

参考文献

[1] T. Matsushita, et al.: Phys. Rev. B **75**（2007）085419.
[2] T. Matsushita, et al.: Phys. Rev. B **78**（2008）144111.
[3] D. E. Eastman, et al.: Nucl. Instrum. Meth. **172**（1980）327.
[4] H. Daimon: Rev. Sci. Instrum. **59**（1988）545.
[5] H. Matsuda, et al.: Phys. Rev. E **71**（2005）066503.
[6] B. Krömker, et al.: Rev. Sci. Instrum. **79**（2008）053702.
[7] G. Öhrwall, et al.: J. Electron Spectrosc. Relat. Phenom. **183**（2011）125.
[8] F. Matsui, et al.: Phys. Rev. Lett. **100**（2008）207201.
[9] S. Tanuma, C. J. Powell, and D. R. Penn: Surf. Interface Anal. **21**（1994）165.
[10] S. Tanuma, C. J. Powell, and D. R. Penn: Surf. Interface Anal. **43**（2011）689.
[11] A. Jabłoński and C. J. Powell: J. Electron Spectrosc. Relat. Phenom. **100**（1999）137.
[12] F. Matsui, et al.: J. Phys. Soc. Jpn. **81**（2012）013601.
[13] F. Matsui, T. Matsushita, and H. Daimon: J. Phys. Soc. Jpn. **81**（2012）114604.
[14] S. Roth, et al.: Nano Lett. **13**（2013）2668.
[15] H. Matsui, et al.: Surf. Sci. **635**（2015）1.
[16] T. Matsushita, et al.: J. Phys. Soc. Jpn. **82**（2013）114005.
[17] H. Daimon: Phys. Rev. Lett. **86**（2001）2034.
[18] W. Kossel: Z. Phys. **94**（1935）135.
[19] G. R. Harp, D. K. Saldin, and B. P. Tonner: Phys. Rev. B **42**（1990）9199.
[20] M. Tegze and G. Feigel: Nature **380**（1996）49.
[21] M. Tegze, et al.: Phys. Rev. Lett. **82**（1999）4847.
[22] M. Tegze, et al.: Nature **407**（2000）38.
[23] K. Hayashi, et al.: Phys. Rev. B **63**（2001）R041201.
[24] S. Marchesini, et al.: Phys. Rev. Lett. **85**（2000）4723.
[25] T. Gog, et al.: Phys. Rev. Lett. **76**（1996）3132.

[26] J. J. Barton: Phys. Rev. Lett. **61** (1988) 1356.
[27] J. J. Barton: Phys. Rev. Lett. **67** (1991) 3106.
[28] T. Hiort, *et al.*: Phys. Rev. B **61** (2000) 830.
[29] K. Hayashi, *et al.*: Nucl. Instrum. Methods Phys. Res. A **467/468** (2001) 1241.
[30] P. Korecki, *et al*: Phys. Rev. B **69** (2004) 184103.
[31] N. Happo, K. Hayashi, and S. Hosokawa: Jpn. J. Appl. Phys. **49** (2010) 116601.
[32] J. C. Mikkelsen Jr. and B. Boyce, Phys. Rev. Lett. **49** (1982) 14121.
[33] S. Hosokawa, *et al.*: Phys. Rev. B **87** (2013) 094104.
[34] N. Happo, *et al.*: J. Electron Spectrosc. Relat. Phenom. **181** (2010) 154.
[35] W. Hu, *et al.*: Phys. Rev. B **89** (2014) 140103(R).

3

表面・界面ホログラフィー

　物質表面の構造を調べようとした場合，通常よく用いられるのは走査型トンネル顕微鏡や原子間力顕微鏡である．これらは深さ方向の情報を基本的には見ないため，表面の形状を見るのに適した道具である．深さ方向の構造を知りたい場合には，断面をつくって側面から走査型透過電子顕微鏡などで見るのが一般的である．しかし，試料を切ること自体が状況を完全に変えてしまう場合も多々ある．ここでは，試料を切らずに測定可能な手法である，表面X線回折による電子密度解析法を紹介する．

3.1　表面からのX線回折

　X線回折では，電子密度のフーリエ変換が振幅として観測される．このようにして得られる複素数の振幅がそのまま観測できれば，実験的に得られた散乱振幅をフーリエ逆変換することによって実空間の構造が得られることになる．しかし実際には振幅の絶対値の2乗しか観測することができず，位相の情報が失われてしまう．これはX線回折一般に共通した問題であり，位相問題として知られている．広く利用されている単結晶構造解析では直接法のソフトウェアがこの位相問題を解いて，実空間の構造を導き出している．表面構造を知るためには表面X線回折に対する位相問題を解くことが要求されるが，その話に入る前に，まず表面からどのようなX線回折が生じるかを考察しよう．

　結晶では原子が基本並進ベクトル a, b, c の間隔で周期的にならんでいる．この周

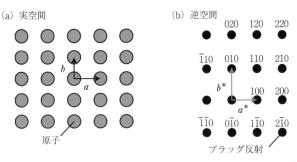

図 3.1 結晶格子とブラッグ反射の配置.a, b, cの周期をもつ結晶は,a^*, b^*, c^*の間隔で整然とならんだブラッグ反射を生む.ブラッグ反射には指数を付記した.三つの数がそれぞれh, k, lであり,上線は負の数を表す.

期性に起因して図3.1のようにブラッグ反射が現れる.通常,ブラッグ反射は指数h, k, lで示される.この指数は格子面を表すミラー指数と見てもよいが,以下に説明する散乱ベクトルの逆空間中での座標と見たほうが回折現象を考えるうえでわかりやすい.散乱ベクトルは入射 X 線と散乱 X 線の波数ベクトルの差で定義される.散乱ベクトルは波数と同様,長さの逆数の次元をもつので,波数の空間である逆空間の中にあるベクトルである.ブラッグ反射は逆空間中で周期的に現れる.この周期性を表したのが図3.1 (b) に示した逆格子ベクトルa^*, b^*, c^*である[1].図3.2 (a) は3次元的に周期性をもつ結晶構造,(b) はそれに対応する逆格子を表している.黒い点の位置が逆格子点であり,図3.1はこの逆空間の断面を取り出した図である.

表面(便宜上,ここではc面[2]が露出しているとする)ではc軸方向の並進対称性が破れる.この対称性の破れを取り込んだ表現を考えよう.表面に平行な方向の周期性は結晶と同じであるため,その方向には結晶と同様,a^*, b^*の周期で散乱強度が現れる.特別な扱いが必要なのはc方向である.図3.3を見よう.最上段には,実空間で周期cの1次元格子と,それに対応する逆空間で周期c^*の逆格子が描かれている.2段目には,格子点上の原子の半分を抜き去り,周期$2c$の構造をつくった場合が描かれている(灰色の丸が原子のある点,白色の丸が原子のない点

---

1) a^*はbとcで張る面に垂直な方向をもち,長さはこの格子面間隔の逆数である.軸の間の角が直交している立方晶,正方晶,直方晶では,a^*はaに平行で,長さは$1/a$となる.
2) c面とはaとbで張る面を指す.言い換えると,c^*を法線ベクトルとする面である.

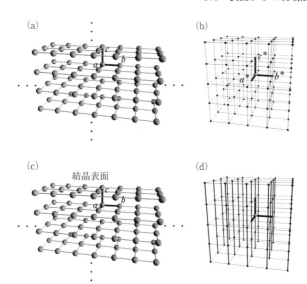

図 3.2 結晶格子と逆格子．(a) 3 次元的に続く結晶格子．(b) 並進対称な結晶に対する逆格子．逆格子点にのみブラッグ反射が現れる．(c) 結晶表面．c 軸方向にのみ並進対称性が破れている．(d) 表面からの散乱．表面垂直方向への対称性の破れに起因して，c^* 方向に棒状に広がった散乱が現れる．

を表す)．この場合，逆格子の周期は $c^*/2$ になる．以下，周期 $4c$ では $c^*/4$，周期 $8c$ では $c^*/8$ となり，一般に周期 Nc では c^*/N となる．$N \to \infty$ の極限をとると，巨視的な，平坦な表面をもった結晶が表現されたことになる．この場合の逆格子点は c^* 方向に連続的にならぶことになる．これが一番下の図である．この状況を，a^*，b^* 方向とあわせて 3 次元的な図にしたのが図 3.2 (c)，(d) である．結果として逆空間内で棒状の散乱が現れる．このようにして現れる，結晶の断ち切りに由来する棒状の散乱を crystal truncation rod（CTR）散乱とよぶ[3], [1~3]．

注意するべきは，逆格子点が棒状にならんでいても，それらに対応する X 線散乱強度は強いものもあれば弱いものもあるという点である．単純立方格子に対する CTR 散乱強度分布の計算値を図 3.4 に示す．リニアスケールの図ではもとの立方格子に対応するブラッグ反射しか見えない．強度を log スケールにすると，棒状に

---

3) 直訳すると，結晶断ち切り（に起因する）棒状の散乱，となる．

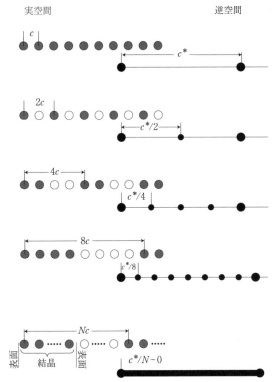

図 3.3 c 軸方向に対する結晶の断ち切りによる逆格子の変化の模式図. 灰色と白色の丸は実空間の間隔 c でならんだ格子点を表す. 灰色は原子がある点, 白色はない点である. 上から, 周期が c, $2c$, $4c$, $8c$, Nc の図を示した. 右寄りに描いた黒色の丸は, それぞれに対応する逆格子点を示している. 周期 c の格子に対しては c^* の間隔で逆格子点が現れ, Nc では c^*/N の間隔で逆格子点が現れる.

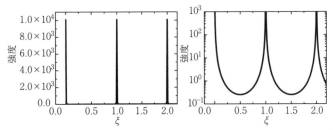

図 3.4 平滑な表面からの (00ζ) 軸上での CTR 散乱強度の計算値. 左はリニアスケール, 右は log スケールでプロットした.

分布した"逆格子点"に対応した CTR 散乱の全体像が見えてくる．そして，それは表面で階段関数的に断ち切られた電子密度をフーリエ変換して得た振幅の 2 乗に一致する．

3.2 表面近傍の構造変化による散乱強度

　前節で述べた表面からの CTR 散乱は，結晶構造が表面で打ち切られていることに起因して生じる．実際の試料表面では自然に構造が変化している場合（表面緩和や再構成とよばれる）もあるし，また意図的に酸化膜をつけたり，あるいは別の素材を製膜していることもあるだろう．一般的な X 線発生装置から得られる X 線のコヒーレンス長は 1 μm 程度であるため[4]，表面付近の構造からの散乱振幅は，1 μm 程度の深さまでの試料からの散乱振幅と干渉する．ここでは図 3.5 に示したように，試料内部に仮想的な，完全に平坦な表面を仮定しよう．この仮想的表面より内側の部分からの散乱振幅は，前節のとおり既知の結晶構造を用いて計算できる．この散乱振幅を $F_{\text{bulk}}(Q)$ としよう．ここで Q は散乱ベクトルである．この仮想表面より外側の部分全体からの散乱振幅を $F_{\text{surf}}(Q)$ とする．試料全体からの散乱振幅 $F(Q)$ は

$$F(Q) = F_{\text{bulk}}(Q) + F_{\text{surf}}(Q) \tag{3.1}$$

で表される．観測される強度は $|F(Q)|^2$ である．この計算では単純立方格子を用い，(00ζ) 軸上の計算を行った．仮想表面より外側の領域の厚さは単位胞 5 層分とし，最表面の面間隔のみバルクの面間隔より 1 % 短い構造モデルを用いた（図 3.5 (a) 参照）．原子散乱因子はすべての原子について一定値とした．図 3.5 (b) に示した散乱強度 $|F|^2$ の $\zeta = 3.5$ 付近での極小がやや右に寄っているのは，この構造モデルで仮定した 1 % の面間隔の変化を反映したものである．つまり，CTR 散乱はわずか 1 原子層の構造変化であっても強度変化に反映される，高感度な手法であることがわかる．

　図 3.5 に見られるもう一つの特徴は，$|F_{\text{surf}}|^2$ は有限の厚さを反映して振動するが，仮想表面からの散乱振幅 F_{bulk} と干渉して $|F|^2$ になるところの振動が，ここで

---

[4] コヒーレンス長は波が干渉できる範囲の目安である．とくにコヒーレントな X 線をつくることに特化したビームラインでなければ，放射光でもコヒーレンス長は 1 μm 程度である．

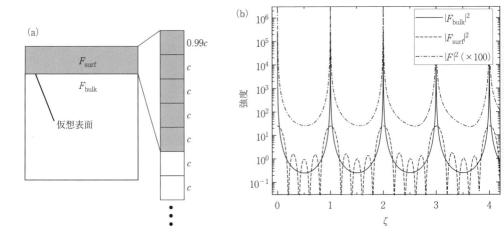

図 3.5 表面の構造が内部と違う場合の取り扱い．結晶内部に仮想的表面を置き，それより内側（白色の領域）からの散乱振幅 $F_{\mathrm{bulk}}(\boldsymbol{Q})$ と，外側（灰色の領域）からの散乱振幅 $F_{\mathrm{surf}}(\boldsymbol{Q})$ に分けて考える．両者の干渉した結果が観測される．ここでは単純立方格子を考え，灰色の領域には単位胞 5 層分を入れた．最表面の面間隔のみ，バルクと比べて 1 ％短くしたモデルについて，(00ζ) 軸上の計算を行った．

仮定している構造の場合は，完全に抑制されている点である．これはある意味当然の結果であり，表面 5 層分を F_{surf} に分類していても，実際にバルクと異なる構造をもつのは 1 層のみであることによる．個々の原子からの散乱 X 線の影響を強度で足し算するのと，振幅で足し算するのとの違いを顕著に反映した例であると解釈できよう．本当に 5 層分の構造を変えた際の強度分布は，図 3.8 (a) に示したように振動をもつ．このように，実験的に観測できないとはいえ，振幅の位相は非常に重要な情報を担っている．この位相を回復するために，ホログラフィーの考え方を用いることができる．次節では CTR 散乱に対するホログラフィーを考えよう．

3.3 CTR 散乱ホログラフィーの原理

表面構造を調べるうえで通常の単結晶構造解析と大きく違う点は，バルクの構造が事前にわかっている点である．そのため，式 (3.1) の $F_{\mathrm{bulk}}(\boldsymbol{Q})$ の位相は計算から求めることができ，それを $F_{\mathrm{surf}}(\boldsymbol{Q})$ の位相決定に利用できる．これは，ホログ

3.3 CTR散乱ホログラフィーの原理

ラフィーの参照光として$F_{\text{bulk}}(Q)$を用い,物体光に該当する$F_{\text{surf}}(Q)$に関する情報を取り出す,と見なせる手順である.そのため,このように$F_{\text{bulk}}(Q)$を利用した手法をCTR散乱ホログラフィーとよぶ.この考え方は高橋ら[4]により2001年に提案された.概念的にはこれと類似の手法が21世紀に入っていくつか提案されており[5~7],解析に利用されている[8~13].

ここでは,高橋らの論文[4]に従って,どのようにホログラフィーが得られるかを示しておこう.$F_{\text{surf}}(Q)$が小さい場合を考える[5).散乱強度$I(Q)$は次式のように書ける.

$$I(Q) = [F_{\text{bulk}}(Q) + F_{\text{surf}}(Q)]^* [F_{\text{bulk}}(Q) + F_{\text{surf}}(Q)] \quad (3.2)$$

ここで*は複素共役を表す.以下,冗長になるので(Q)を省略する.

$$\begin{aligned} I &= F_{\text{bulk}}^* F_{\text{bulk}} + F_{\text{bulk}}^* F_{\text{surf}} + F_{\text{surf}}^* F_{\text{bulk}} + F_{\text{surf}}^* F_{\text{surf}} \\ &\simeq I_0 + F_{\text{bulk}}^* F_{\text{surf}} + F_{\text{surf}}^* F_{\text{bulk}} \end{aligned} \quad (3.3)$$

ここで$I_0 = |F_{\text{bulk}}|^2$は既知構造による散乱振幅の2乗である.最後の行で,小さいと仮定した量の2乗$|F_{\text{surf}}|^2$を無視した.ここで,次の量を考えよう.

$$\frac{I - I_0}{F_{\text{bulk}}^*} = F_{\text{surf}} + F_{\text{surf}}^* \frac{F_{\text{bulk}}}{F_{\text{bulk}}^*} \quad (3.4)$$

左辺は実験で得られる値そのものと,仮定したモデルから直接計算できる値のみでできている.右辺第1項は表面近傍での構造変化を直接表す部分である.そのため,$(I-I_0)/F_{\text{bulk}}^*$をフーリエ変換すると,右辺第2項に起因するゴーストが出るものの,それ以外に表面近傍の構造変化が直接得られることになる.ゴーストは実数になるとは限らず,また原子のように狭い領域に集まった電子密度を出すとは限らないため,おおむねどこに原子があるかを知るためには大きな障害にならないと期待される[6).

構造モデルを仮定すれば散乱強度は計算できるため,このCTR散乱ホログラフィーが実際にはたらくかどうかシミュレーションを行うことは容易である.引き続き文献[4]に沿って,そこに与えられている計算例を簡単に紹介する.詳細は論

---

5) $F_{\text{bulk}}(Q)$はバルクの結晶構造が平面で断ち切られた構造に対する振幅でなくてもよく,ともかくかたちの決まった参照構造からの散乱振幅であればよい.ここではむしろ$F_{\text{surf}}(Q)$が小さくなるような$F_{\text{bulk}}(Q)$を与える構造モデルをつくることができたと仮定している.
6) 一般的な可視光領域のホログラフィーでもゴーストは出るが,像を再生するとたいていの場合,ゴーストは気にならない.

50　3　表面・界面ホログラフィー

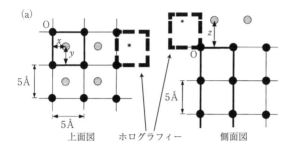

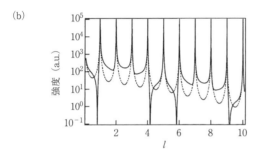

図 3.6　(a) 構造モデルとホログラフィーの結果，(b) $(00l)$ の CTR 散乱強度分布．点線が $|F_{\text{bulk}}|^2$，実線が $|F_{\text{bulk}} + F_{\text{surf}}|^2$（参考文献 [4] より引用）．

文を参照されたい．

　構造モデルとして，平滑な表面をもつ単純立方格子の上に，単位胞あたり一つの吸着原子がある構造を仮定する．$F_{\text{bulk}}(Q)$ は単純立方格子から得られる．$F_{\text{surf}}(Q)$ は吸着原子からの散乱に対応する．吸着原子は図 3.6 (a) に灰色の丸で示したように，単位胞の分率座標で $(0.4, 0.6, 0.8)$ の位置に置いた．$(00l)$ の CTR 散乱強度分布を図 3.6 (b) に示す．(h, k, ζ) で $|h|, |k| \leq 10$ の整数，$0 < \zeta \leq 10$ のロッドを用いて式 (3.4) の計算を行った．これをフーリエ変換した結果を図 3.6 (a) にはめ込んだ（図 3.6 (a) 点線枠内）．吸着原子が正しく再現されていることがわかる．

3.4　ホログラフィーによる界面構造モデルの構築

　CTR 散乱ホログラフィーの実例として，Bi/Si 界面構造を CTR 散乱ホログラフィーで解析した例を紹介する[12]．ビスマスはフェルミ波長と平均自由行程が長いため，微細構造を作製した際に量子効果が観測しやすい．近年では反転対称の破れに起因する現象の研究が盛んに行われており，表面での反転対称の破れによる電

子スピン物性を研究する舞台として，Bi 薄膜がしばしば利用される．Si（111）面の上に非常に結晶性のよい Bi 薄膜をつくることができることが知られており，上述のような研究に利用されている．

図 3.7（a）に Si（111）上の Bi 薄膜からの CTR 散乱プロファイルを示した．Si（111）面と平行に Bi（001）面が成長する．点が実測値，点線が Si の結晶構造と Bi の結晶構造を組み合わせて作成した初期構造モデルに基づく計算値である．この初期構造モデルの段階で，Bi 薄膜の c 格子定数，表面粗さ，および原子変位パラメータを実験値を極力再現するように最適化している．強度が強い部分は比較的よく再現されるが，強度が弱い領域では実験値と計算値が大きく異なることがわかる．この差を用いて前節で述べた CTR 散乱ホログラフィーを行った．Bi の構造を参照構造 $|F_\text{bulk}|^2$ として用いて解析を行うと，(b) のような結果を得る．ここで示した二つの結果は解析に用いる c^* 方向のデータ範囲を変えて得た結果である．安定に残るのは，ウェッティング層（wetting layer）と印をつけたピークのみであることが見てとれ，ここに何らかの原子が存在することがこの解析からわかった．

明らかになったウェッティング層の位置に原子を追加した構造モデルを構築し，CTR 散乱ホログラフィーの一種である coherent Bragg rod analysis（COBRA）[5],7) を適用すると，(c) のような電子密度プロファイルを得る．こうして Si（111）上の Bi 薄膜の界面構造が判明した．

3.5 複雑な構造をもつ物質の表面・界面

3.5.1 遷移金属酸化物超薄膜

遷移金属酸化物は，強誘電，金属，強磁性，反強磁性，超伝導など，あらゆる物性をもつ物質群である．ペロブスカイトやスピネルといった代表的な構造があり，異なる性質をもちながらほぼ同じ構造をもつ物質が多数存在する．そのため，格子の周期性をほぼ保ったまま，異なる性質をもつ二つの物質の界面——たとえば強磁性と反強磁性の界面——を形成できる．そのような界面は基礎物理的な興味と，応用的な興味の両面から広く研究されている．とくに注目されているのは，二つの物

---

7) この手法は上で説明した手法よりも初期構造モデルの影響を強く受けるが，ゴーストが出ない手法である．ある程度よい構造モデルがわかってからの精密化に威力を発揮する．

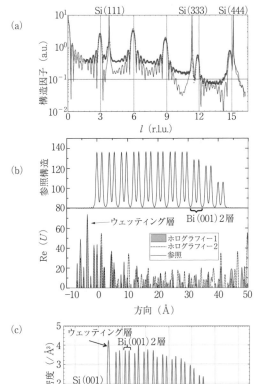

図3.7 (a) Si (111) 上の Bi (001) 薄膜からの CTR 散乱プロファイル,(b) CTR 散乱ホログラフィー解析の結果,(c) 改善した界面構造モデルに基づく電子密度解析の結果(参考文献 [12] より引用).

質の界面を形成することによって,どちらとも違う性質が現れる現象である.代表例は二つのバンド絶縁体 $LaAlO_3$ と $SrTiO_3$ の界面に高い伝導性をもつ2次元電子ガスが現れる現象[14]である.この界面は非常に広く研究され,強磁性や超伝導なども報告されたが,ここでは構造に注目して話を進めよう.

薄膜の作製法はいろいろとあるが,できた膜の構造を評価する手段は,断面をつくって走査型透過電子顕微鏡 (scanning transmission electron microscope: STEM) で観察するのが主流である.この手法では原子像が見えるが,分極を見るほどの分解能は通常は得られない.前述の COBRA によって得た高い分解能での

3.5 複雑な構造をもつ物質の表面・界面

電子密度解析を行った例[8]を図3.8に示した.図から読みとれる原子変位の大きさは,強誘電体内部での分極に対応する原子変位量0.1 Åより十分に高い精度をもっている.このようにして高い精度で原子位置を測定すれば,その結果を理論計算と比較する,あるいは得られた構造をもとに理論的な解釈を行う,といった研究が可能であり,実行されている[8, 10, 11].

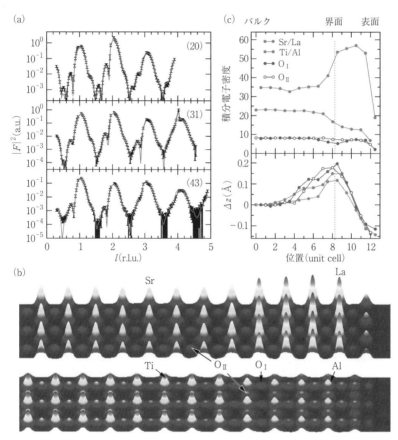

図3.8 LaAlO$_3$/SrTiO$_3$界面の(a) CTR散乱強度プロファイル,(b) 電子密度,(c) 電子密度から読みとったサイトごとの電子数と原子変位量(参考文献 [8] より引用).

3.5.2 有機半導体

有機半導体を利用したデバイスは,発光素子(有機 EL(electroluminescence))を代表にすでに実用化されている.その一方で,有機半導体中の電気伝導がどのように起こるかについてまだ議論があるなど,物理としての理解はまったく不十分な状況にある.有機半導体で電界効果トランジスタを作製した際には,電気伝導を担う領域が容易に1分子層程度の厚さに制限されるため,界面の理解は本質的に重要である.有機固体中での電気伝導は分子間の飛び移り積分に支配され,飛び移り積分は構造と強く関連する.そのため表面の構造を知ることが物理の理解に必要であった.

分子性固体はこれまで例に挙げた単純立方格子やシリコンに比べ,圧倒的に複雑な構造をもつ.このような物質に対し,現実的に CTR 散乱ホログラフィーの測定は可能であろうか.そのような測定・解析は,ルブレン単結晶とテトラセン単結晶に対してはじめて報告された[9,13].これらの結晶は c 面が広く出た板状のかたちに成長し,その表面は $1\,\mu m$ 以上の長さ範囲にわたって平滑なテラスをつくることが原子間力顕微鏡測定でわかっている.テトラセンの $(00l)$ 軸上の CTR 散乱強度プロファイルに基づく COBRA による電子密度解析の結果を図 3.9 に示した.この物質ではなんらかの吸着物があること,および表面第1層の分子の配置に非常に大きな変化があることがわかった.金属では表面から数層にわたり表面緩和が生じるのに対して,有機半導体での表面緩和が第1層だけで終わるのは,電子が分子軌道に非常によく局在しているうえに,分子間の結合が非常に弱いことが原因であろうと思われる.

3.6 手法の特徴と限界

ここまで見てきたように CTR 散乱ホログラフィーはいろいろな場面で有効な測定手段である.利点は

- 電場,磁場などに影響されないプローブを用いる非接触な手法
- 試料まわりの自由度を上げる高い透過性
- 分極を観測できるほどの高分解能
- 電子状態に依存せず構造を観測できる

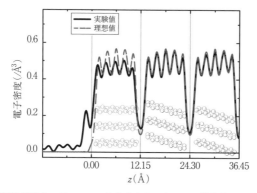

図 3.9 CTR 散乱ホログラフィーから求めたテトラセン単結晶の電子密度プロファイル（実線）．破線は表面緩和がない場合の電子密度である．表面に何らかの吸着物があるほか，表面第 1 層の分子が大きく回転していることがわかった（参考文献 [13] より引用改変）．

が挙げられる．電子をプローブに用いる多くの表面観測手法では導電性のない試料の測定が困難であったり，透過性が非常に低いのと対照的である．一方で手法自体の制限もある．CTR 法を利用することに起因する制限は

- 表面あるいは界面が原子レベルで平滑でないと信号がまったく見えない
- 原子番号が似た元素の見分けが困難
- 信号強度が弱く，放射光が必要である
- 総電子数を観測するため，詳細な電子状態に鈍感

がある．ただし最後の"制限"は，電子状態に依存せず構造を観測できるという利点と表裏一体のものである．さらにここで紹介した CTR 散乱ホログラフィーでは，基板構造からの CTR 散乱との干渉を利用することにより，基板のバルク構造の周期性と同じ面内方向の周期性をもつ情報しか取り出すことができない[8]．表面で現れる超構造は，参照光となる基板からの散乱がないために，測定しても解析に使うことができない．ただし，面内の周期性が異なるものがまったく見えないわけではなく，面内方向にすべて積分した量が $(00l)$ のロッドに現れ，それを観測しているのが図 3.9 に見られた吸着物であった．このような特性を意識したうえで使うこと

---

[8] あくまでこれは CTR 散乱ホログラフィーの制限であり，構造モデルを利用して CTR 散乱強度に対する最小 2 乗フィットを行うかたちの解析は広く行われている．これによって多くの表面再構成構造が明らかになっているが，本章の目的から外れるため，ここでは割愛する．

で，ほかの手法では得がたい情報が得られる手法である．

参考文献

[1] S. R. Andrews and R. A. Cowley: J. Phys. C **18** (1985) 6427.
[2] I. K. Robinson: Phys. Rev. B **33** (1986) 3830.
[3] T. Takahashi, *et al.*: Surf. Sci. **191** (1987) L825.
[4] T. Takahashi, K. Sumitani, and S. Kusano: Surf. Sci. **493** (2001) 36.
[5] M. Sowwan, *et al.*: Phys. Rev. B **66** (2002) 205311.
[6] R. Fung, *et al.*: Acta Cryst. A **63** (2007) 239.
[7] D. K. Saldin and V. L. Shneerson: J. Phys. Condens. Matter **20** (2008) 304208.
[8] P. R. Willmott, *et al.*: Phys. Rev. Lett. **99** (2007) 155502.
[9] Y. Wakabayashi, J. Takeya, and T. Kimura: Phys. Rev. Lett. **104** (2010) 066103.
[10] S. A. Pauli, *et al.*: Phys. Rev. Lett. **106** (2011) 036101.
[11] R. Yamamoto, *et al.*: Phys. Rev. Lett. **107** (2011) 036104.
[12] T. Shirasawa, *et al.*: Phys. Rev. B **84** (2011) 075411.
[13] H. Morisaki, *et al.*: Nature Commun. **5** (2014) 5400.
[14] A. Ohtomo and H. Y. Hwang: Nature **427** (2004) 423.

4

ナノ構造体・1分子イメージング

　原子が識別できる空間分解能で物質の構造を知ることがいかに大きな意味をもつかは，DNA，カーボンナノチューブ，グラフェンなどの原子スケール構造解明とその後の展開を見れば明らかである．これらの構造解明には，X線または電子による回折現象が重要な役割を果たしている．本章では，ナノ構造体へ適用可能な，回折パターンを使った新規な計測法として「回折イメージング」および「1分子イメージング」の二つの手法について，4.1節，4.2節でそれぞれ説明する．

4.1　回折イメージング

　「回折イメージング」は，光，X線，電子線の各分野で展開されている．ここでは，実験例およびこの手法の基礎となる位相回復問題について説明する．実験については電子顕微鏡を用いた例に焦点を絞り，最初に4.1.1項で電子顕微鏡の基礎を説明し，続いて4.1.2項で具体的な実験例を三つ紹介する．この手法の基礎となる位相回復問題については，電子顕微鏡に限定することなく，4.1.3項で数学的な側面について説明する．

4.1.1　透過型電子顕微鏡の基礎
a．透過型電子顕微鏡のしくみ
　電子顕微鏡とは可視光よりもはるかに波長の短い電子ビームを用いた顕微鏡であ

り，さまざまなナノ構造から原子まで観測可能な装置である．とくに試料を透過した電子ビームをレンズで結像することよって拡大像を得るものを透過型電子顕微鏡(transmission electron microscope: TEM)とよぶ．TEM では，電子源から発生した電子を高電圧（装置によって異なるが数万から 300 万 V の範囲）で加速して試料に照射し，試料を透過・散乱した電子ビームをレンズで曲げて結像する．ここで電子ビームを曲げる役割を担うのは電磁石を用いた磁場レンズであり，さまざまな光学系を実現するために，TEM 内には複数の磁場レンズが設置されている．このうち最も主要な役割を果たすのは試料直下にある対物レンズであり，その機能を模式的に図 4.1 に示している．

電子ビームが試料を透過する際には，散乱されて進行方向が変化する．とくに結晶性試料の場合には，周期的な結晶面による強い回折が起こり，すなわちブラッグ反射（3.1 節参照）が生じる．図 4.1 では代表して G と −G 回折波を表示しており，これらは進行方向が変化した散乱電子ビームである．これらのビームも，試料をまっすぐ透過したビームも，対物レンズで曲げられることによってレンズ焦点距離の位置（後焦点面）に収束する．図 4.1 からわかるように収束する点は試料から

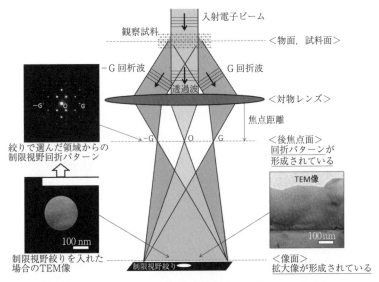

図 4.1 TEM の対物レンズによる拡大像と電子回折パターンの形成．

出るビームの進行方向ごとに異なっている．つまり後焦点面は角度空間になっており，電子回折パターン（のもととなる回折波動場）が形成されている．この図形は散乱体（試料）から十分遠方に形成されるフラウンホーファー回折パターンと相似であり，試料構造のフーリエ変換に対応する強度分布を示す（3.1 節参照）．ここで試料構造とは，X 線回折の場合は電子密度分布，電子回折の場合は原子が形成するポテンシャル分布である．

　後焦点面からさらに下ると，一度収束したビームが再び広がっていき，透過ビームと散乱ビームが再び重なり合ったところ（対物レンズ像面）に試料の拡大像が形成される．実際の装置ではこの下にもレンズが多段に設置されており，それらのレンズ系の焦点を対物レンズ像面に合わせた場合，さらに拡大された像が下方にある検出器面に形成される．この対物レンズ像面に制限視野絞りとよばれる絞り穴を入れると，下方にある検出器面には試料の一部領域だけを選択した像が形成される．この状態で上記の多段レンズ系の焦点を後焦点面に合わせ直すことにより，選択した領域からの電子回折パターンが観察できる．これを「制限視野回折法」とよび，電子顕微鏡内で電子回折パターンを計測する最も一般的な方法である．磁場レンズの強さは電磁石電流の調整で容易に変更可能であり，スイッチ一つで拡大像と回折パターンを切り替えて計測可能である．

b．透過型電子顕微鏡像の特徴

　TEM 内で加速された電子は数万 eV 以上の運動エネルギーをもっており，よほど分厚くない限り試料によって吸収されることはない．後方散乱されるわずかな電子を除きほぼすべて試料を透過するため，試料の有無によって像の明暗（像コントラスト）が生じないはずである．しかし，実際には光軸近傍に設置された絞り（固定絞り）や後焦点面にユーザーが挿入する可動絞り（対物絞り）によって，ある一定以上の角度に散乱された電子がカットされる．これによって物質を透過した電子の一部は検出器面までたどり着けなくなるため，真空よりも暗く結像される．またレンズの焦点がずれている場合にも，透過ビームと散乱ビームが重なり合わなくなり，物体の像が暗く見える場合もある．これらが中低倍率（原子が見えない程度の倍率）の TEM 像コントラストのおもな成因である．したがって，試料の分厚い領域や散乱能の大きな重元素を含む領域，結晶格子によるブラッグ反射が強く起こっ

ている領域では，より暗く結像される傾向にある．量子力学に基づいて考えると，このように形成されるTEM像強度は検出器に到達する電子波動関数の振幅の2乗に比例しているはずである．つまり上述の像の明暗は，基本的には試料を透過した波動関数の振幅変化の情報（とくに絞りでカットされない振幅成分）を反映しているものであり，位相変化の情報は検出できないことになる．

次に原子を観察できる高分解能TEM像について述べる．あらゆる物質は原子の集合体であるが，試料に入射した電子ビームが原子位置を通過する際，その波動関数は原子の形成するポテンシャルエネルギーの深さに比例した位相変化を受ける（次節で説明）．一般には個々の原子から受ける位相変化量は小さく，いわゆる弱位相物体近似とよばれる取り扱いが行われる場合が多い[1]．この近似は極限まで薄い試料，たとえば原子面1層からなるグラフェンのような物質ではよく成り立つ．しかし試料に数nm以上の厚みがあり，とくに結晶のように特定方向に原子の連なった構造の場合，原子列位置で位相だけではなく振幅も変化している波動場が試料からの出射面に形成される．この振幅変調の2乗を結像することにより原子の配列を観測できる．実際には，対物レンズの不完全性（収差とよぶ）のために，いくぶんぼやけた像となってしまう．つまり，電子顕微鏡の分解能はおもに対物レンズの性能によって制限されている．

4.1.2 電子顕微鏡による回折イメージングの実験例

回折パターンは試料構造のフーリエ変換を反映し，結晶試料の場合には逆格子（3.1節参照）の断面に対応する強度分布を示すことが知られている．正確に記述すると，試料透過した波動関数（実空間波動場）をフーリエ変換したものが回折波動場であり，その絶対値の2乗が回折強度である．この関係に基づき，電子回折パターンから計算機内で試料の像（正確には像のもととなる複素波動場）を再構成する手法が電子による回折イメージング（以下，たんに回折イメージング）である．前で述べたように，レンズ結像による電子顕微鏡像には，(1) 電子波動関数の位相変化が計測できない，(2) 原子を観察する高分解能像にはレンズ収差の影響が大きく現れる，という問題点がある．回折イメージングはこれら二つの問題点を解決する手法であり，具体的な実験例を三つ挙げて以下に説明する．

4.1 回折イメージング

a．位相像観察とナノ電磁場計測

実空間複素波動場をフーリエ変換すると複素回折波動場が得られるが，その振幅分布と位相分布は実空間波動場の振幅分布と位相分布（上記のようにレンズ結像では不可視）の両方によって確定する．したがって回折波動場の振幅の2乗である回折図形強度には，実空間位相分布の情報が部分的に含まれている．回折イメージングではその情報をもとに，目に見えるかたちで実空間位相分布を再構成することが可能である．方法の詳細は4.1.3項で述べるが，ここではいくつかの実例を用いて位相分布計測の有用性を示す．

物質内は真空に比べて電子にとってのポテンシャルエネルギーが低くなっており，その分だけ入射電子の運動エネルギーが増加する．そのため物質内を通過する際の波長が短くなり，真空領域を通過した波動関数との波面の食い違いが生じる．すなわち，真空中を透過する場合と比べて，物質を透過した電子波動関数は位相が進むことになる．図4.2 (a) に示すようなくさび型をしたシリコン結晶を透過した波動場の位相分布（位相像）を回折イメージングによって再構成した例を紹介する．図4.2 (b) は制限視野絞りを挿入した際のTEM像であり，絞り内の領域から取得した小角散乱の回折パターンが図4.2 (c) である．これに基づいて再構成した位相像（図4.2 (d)）では，物質の厚さに比例した位相変化量が観測されており，物質の厚い部分ほどポテンシャルエネルギーの低い部分を通過する距離が長くなることを反映した結果である．また同様に，試料中や真空中に広がる電場分布も，位相像を通して可視化される．これは，負電荷をもつ電子が，静電ポテンシャル V から $-eV$ のポテンシャルエネルギーを感じるからである．

図4.3に示すのは，正に帯電したナノ粒子周辺に発生した電場を，位相像を通して観測した例である．電場は静電ポテンシャルの微分で与えられるため，等位相面

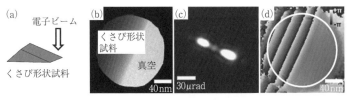

図4.2 くさび形状試料の観察．(a) 電子ビームの進行方向．(b) TEM像．(c) 制限視野回折パターン．(d) 回折イメージングによる位相像．

62 4 ナノ構造体・1分子イメージング

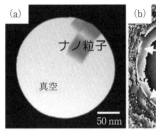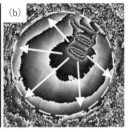

図4.3 (a) 帯電したナノ粒子のTEM像. (b) 位相像による電場観測.

と直行する向きに電場ベクトルが発生していることになる.電場の場合と同様に,ローレンツ力によるポテンシャルエネルギーを可視化することにより,ナノ磁場分布の視覚化も可能である.このように回折イメージングを用いた位相像観察により,試料形態の情報(厚さ分布,組成分布)や試料内外の電磁場分布を計測することが可能となり,半導体pn接合,誘電多層膜,磁性微粒子などのナノ計測に有効な手法であるといえる.

b. 原子配列構造の観測 I

図4.2,4.3の例で示したように,ナノスケールの構造情報は小角散乱(200 kV TEMの場合1 mrad以下程度)に反映される.一方,より細かな原子スケールの構

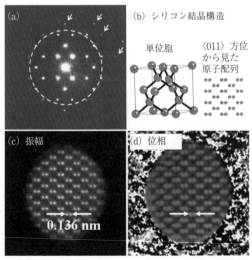

図4.4 (a) シリコン結晶の〈011〉方位回折パターン. (b) 結晶構造模式図. (c) 回折イメージングによる振幅像. (d) 位相像.

造情報は，図4.4 (a) に示すような結晶面からのブラッグ反射が含まれる散乱角 (同，数十 mrad 程度) までの電子回折パターンに含まれている．これは，実空間の細かい情報ほどフーリエ空間（逆格子空間）の遠くの座標に変換されるためである．

シリコン結晶の〈110〉方位（図4.4 (b) 参照）から取得した回折パターン（図4.4 (a)）をもとに，回折イメージングによって原子配列を再構成した例を図4.4 (c)，(d) に示す．振幅像，位相像ともに 0.136 nm の最小原子間隔を明瞭に再現している．図4.4 (a) は 200 kV TEM で撮影した電子回折パターンで，実空間の原子配列のフーリエ変換を反映している．しかし先述のレンズ結像の問題点（2）（分解能の制限）によって，高分解能 TEM 像に反映される構造情報は円の内側（低角側）の回折情報のみに限定されている．一方，図4.4 (a) の回折パターンそのものに基づいた回折イメージングにおいては，当然ながら円の外側の矢印で示した情報（細かい構造情報）も取り込まれるため，レンズ結像よりも高分解能が達成できる．

c．原子配列構造の観測 II

炭素原子などの軽元素を主成分とする分子などのナノ物質は電子ビーム照射による損傷を非常に受けやすく，電子の加速電圧を下げることが損傷回避に重要である．しかしながら，低加速電圧ではレンズ収差の影響が増大することが知られており，レンズ結像での原子分解能の観察は一般に困難である．したがって，回折イメージングによる高分解能観察が重要な役割を果たすことになる．ここでは，10～30 kV の低加速電圧に対応できる走査型電子顕微鏡（scanning electron microscope: SEM）を改良した装置[2] による，炭素原子で構成される代表物質の一つであるカーボンナノチューブの原子配列構造の観察例を示す[3]．

単層カーボンナノチューブ（single wall carbon nanotube: SWCNT）は数 nm と非常に細いため，折れ曲がり・振動などにより，回折パターンの広角側強度がブロードになる．そこで，試料の中から両端が固定された SWCNT を探し出し，回折パターンを取得した．図4.5 に，実験に用いた試料の SEM 像と加速電圧 30 kV，開き角 0.15 mrad，露光時間 30 秒で，矢印で示した位置で取得した回折パターン（図4.5 の右上）を示す．得られた回折パターンから，SWCNT の直径が 3.2 nm であることがわかった．また，照射ビームに対して SWCNT は垂直でなく，8°（±2°）程度チューブの長手方向に傾斜していることがわかった．

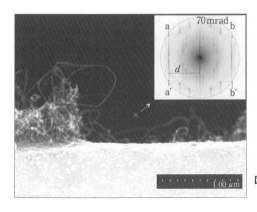

図 4.5 SWCNT の SEM 像と回折パターン (右上).

得られた回折パターンは，ノイズが強く再構成像の強度が一様でないこと，および入射ビームの角度広がりがあることから，バックグラウンド除去とデコンボリューション処理[4]を行った後，位相回復アルゴリズム（4.1.3 項参照）を適用した．

このようにして得た再構成像を図 4.6（a）に示す．再構成像と比較のためのシミュレーション結果を図 4.6（b）に示した．図 4.6（c），（d）には，再構成像（a）と（b）から特徴的構造を拡大した図を示し，対応する原子配列モデル図を図 4.6（e）に示した．これらの像の比較から，得られた再構成像は SWCNT の原子配列を示していることがわかった．

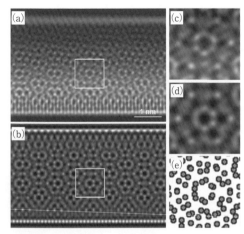

図 4.6 SWCNT の原子分解能低加速電子回折イメージング．（a）再構成像．（b）シミュレーション結果．（c）再構成像拡大．（d）シミュレーション像拡大（（b）中の四角形部分）．（e）（c），（d）の原子配列モデル．

図4.7には，中心部分をトリミングしたものを示す．図4.7 (a)，(b)，(c) はそれぞれ再構成像，シミュレーション結果，原子配列モデル図である．図4.7 (b) のシミュレーションと図4.7 (c) の原子配列モデル図は，試料傾斜を考慮して導出した．図4.7 (a) で矢印で示した強度は原子配列モデル図（図4.7 (c)）との比較から，それぞれ2個の炭素原子がオーバーラップしたものと孤立した炭素原子とであることがわかり，それらのプロファイルを示した図4.7 (d)，(e) でも違いが確認できる．すなわち，得られた再構成像の強度分布は，炭素原子1個と2個の違いを識別できる程度の定量性があることがわかる．さらに，図4.7 (f) には，再構成像（図4.7 (a)）とシミュレーション像（図4.7 (b)）との線 AA′ および BB′ に沿った強度分布を比較した．これより，実験結果とシミュレーションとでわずかな違いはあるもの，強度分布が対応していることがわかる．

4.1.3 位相回復問題

波の計測において，強度は観測できるが位相が得られないとき，何らかの方法によって位相を求める問題を位相回復問題，略して位相回復または位相問題とよんでいる[5]．回折現象により物質の構造を調べる場合，試料により散乱された波の強度

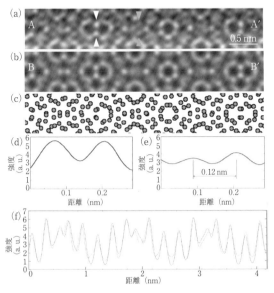

図4.7 SWCNT での原子分解能低加速電子回折イメージング．(a) 再構成像．(b) シミュレーション結果．(c) 原子配列モデル．(d)，(e) (a) 中の白色と灰色の矢じり間のラインプロファイル．(f) (a)（実線）と (b)（破線）のラインプロファイル比較．

を計測することはできるが,位相を直接得ることは一般的にはできない.位相回復問題は,原子・分子などのナノスケールから,宇宙・天体などの広大なスケールを扱う分野にわたる多くの領域にかかわっている.本項では,対象の事前情報と計測した強度とを組み合わせて,直接計測できない位相を推定することを位相回復問題ととらえ,数理的な観点から説明を行う.

a. 位相回復とは

位相回復を基礎から組み立ててみよう.未知の複素数値をとる関数 $f(x)$ があり,それが空間 X 上で定義されており,$\int_X |f(x)|\mathrm{d}x < \infty$ であるとしよう.問題はその f を求めることである.空間 X 上の f を,$X \times Y$ 上の関数 $K(x,y)$ を用いて Y 上の関数に変換する方法が,以下のように与えられているとする.

$$g(y) = \int_X K(x,y)f(x)\mathrm{d}x \tag{4.1}$$

K は核関数とよばれており,フーリエ変換などが代表的な例である.ここでは $\bar{K}(x,y)$ によって,以下が成り立つことを仮定する.

$$f(x) = \int_Y \bar{K}(x,y)g(y)\mathrm{d}y \tag{4.2}$$

適切な条件のもとでフーリエ変換とその逆変換から,空間 X 上の関数の集合と空間 Y 上の関数の集合が個々に対応する.いい換えれば,$g(y)$ が完全に得られていることは,$f(x)$ が得られることに等しい.

g を観測して f を復元するときに,その観測が完全ではない場合に,f の推定に影響を与える.たとえば,$g(y)$ に期待値 0 で分散が有限の加法的ノイズ δ_{noise} が混入する場合,観測値は以下のように定められる.

$$g_{\mathrm{obs}}(y) = g(y) + \delta_{\mathrm{noise}}(y) \tag{4.3}$$

これによって,ノイズに影響された f_{noise} が得られる.

$$f_{\mathrm{noise}}(x) = \int_Y \bar{K}(x,y)g_{\mathrm{obs}}(y)\mathrm{d}y \tag{4.4}$$

真との差異は,以下のようにノイズ成分の逆変換で表現される.

$$|f_{\mathrm{noise}}(x) - f(x)| = \left|\int_Y \bar{K}(x,y)\delta_{\mathrm{noise}}(y)\mathrm{d}y\right| \tag{4.5}$$

4.1 回折イメージング

この影響分について，ノイズの分布に関する期待値における不偏性を確保できれば，統計学の範囲で見通しを立てられることがわかる．制約された情報からもとを復元する問題は逆問題とよばれる．位相問題においては，観測値へのノイズよりも厳しい条件での実像復元が求められる．具体的には，観測値 $g(y)$ について $|g(y)|^2$ のみが与えられおり，$g(y) = |g(y)|e^{j\Phi(y)}$ の位相部分 $\Phi(y)$ がない状況で f を復元する．

核関数 K をフーリエ位相の回復問題として具体化する．対象となる物体をオブジェクト（object）とよび，その定義空間を実空間（object domain）という．有限体積をもつ関数を実像とし，そのフーリエ変換は，その核関数の定義域の一部となる逆空間（Fourier domain）上の複素数値をとる関数となる．実空間 X 上の実像を関数 $\rho(x)$ とし，そのフーリエ変換は，逆空間 K 上の関数となる．実用的には，実空間は離散である場合が多く，その場合は離散フーリエ変換がよく用いられる．そこで，実空間 X を 2 次元の離散空間 $N \times N$ とし，逆空間も同様とする．離散フーリエ変換によって与えられる ρ のフーリエ変換は以下のように与えられる．

$$F(k) = \sum_{x \in X} \rho(x) \exp(-i2\pi x \cdot k/N) \quad (4.6)$$

F は振幅と位相によって $|F|\exp(i\Phi)$ と表現される．位相問題としては，フーリエ強度 $|F|^2$ は得られているが，位相 Φ は失われている．以下，強度に対して観測を表すために $|F|^2$ を $|F_{\mathrm{obs}}|^2$ と表現する．何らかの方法で位相を推定したとしよう．その推定位相を $\hat{\Phi}$ とすると，以下の逆フーリエ変換によって再構築された実像 $\hat{\rho}$ が得られる．

$$\hat{\rho}(x) = \frac{1}{N^2} \sum_{k \in K} F'(k) \exp(i2\pi x \cdot k/N) \quad (4.7)$$

ただし，$F' = F_{\mathrm{obs}} \exp(i\hat{\Phi})$ とする．

$|F_{\mathrm{obs}}|^2$ のみでは逆空間の位相関数を決める手立てがまったくない．しかしながら，位相回復を使う場面では，対象となる実像について何か事前情報があることが多い．信号や画像であれば，画像空間や時間軸のサポートであったり，顕微法に適用する場合では，対象物体が実数であること，あるいは実空間で強度がない領域があるなどが，その事前情報に相当する．そのような目的となる未知関数に関する事前情報を実空間拘束条件（object domain constraint）という．位相回復では，基本

の出発点としてフーリエ強度が条件として与えられる.それは逆空間において与えられる条件であり,逆空間拘束条件(Fourier domain constraint)という.逆空間拘束条件として与えられる未知関数のフーリエ変換の強度,および実像の事前情報に相当する実空間拘束条件を満たす関数を求めることと表現できる.つまり,2空間の制約条件を満たす関数を推定する問題である.

b. 位相回復アルゴリズム

位相を回復するには,先に述べたように実空間拘束条件と逆空間拘束条件を満たす未知関数を探す手続きが必要となる.しかしながら,別々の空間に制約条件が設定されているので,両方の条件をあわせて扱うことができない.

位相回復のアルゴリズムの歴史では,ゲルヒバーグ(R. W. Gerchberg)とサクストン(W. O. Saxton)が最初となる[5].その設定としては実像は複素数値をとる関数であり,電子顕微鏡などの設定で実像とフーリエ像の強度 ρ_{norm} と F_{obs} が検出で与えられているものとした.この設定でフーリエ位相を求めるために,図4.8に示されるように,拘束条件を適用しつつフーリエ変換とその逆変換をくり返す手法が提案された[5].まず任意の実像関数 ρ を用意する.そのフーリエ変換 F に対して,条件として与えられている振幅 F_{obs} と入れ替える.すなわち,$F = |F|\exp(i\Phi)$ とすると,$F' = F_{\text{obs}}\exp(i\Phi)$ を,逆空間拘束条件を適用した関数とする.次にその F' を逆フーリエ変換した $\rho' = |\rho|\exp(i\theta)$ について,実空間拘束条件である ρ_{norm} を同様に適用することで,更新された実像関数 $\rho_{\text{norm}}\exp(i\theta)$ が得られる.更新数を n で表すと,$\rho_n \rightarrow F_n \rightarrow F'_n \rightarrow \rho'_n \rightarrow \rho_{n+1}$ をくり返し行う.更新による変化量 $|\rho_n - \rho_{n+1}|$ が減少しゼロになれば,両空間の拘束条件を満たす実像が得られたこ

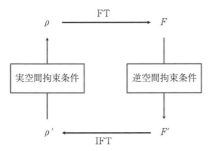

図4.8 くり返しフーリエ変換と拘束条件によって構成されるGSダイヤグラム.

とになる．図 4.8 は GS ダイヤグラムとよばれ，このくり返し操作は GS アルゴリズムとよばれている．設定される実空間における拘束条件として，実数や正値性などがある．それらは物理的に対応がつく条件であることから，有用な拘束条件の設定と言える．位相回復のアルゴリズムを考えるときに，解探索の途中の仮説実像について，実空間 X は，拘束条件を満たす領域と満たさない領域に分けられる．領域によって更新をそれぞれ行うことが，以下に述べるアルゴリズムの有用さを支える．

GS から約 10 年後，フィンナップ（J. R. Fienup）は GS ダイヤグラムにおける ρ' から ρ への実像の更新は，逆空間拘束条件を満たす最小化における最急降下法に対応することを以下より示した[6]．

$$\frac{\partial}{\partial \rho} \sum_{k \in K} ||F(k)| - |F'(k)||^2 = 2(\rho - \rho') \tag{4.8}$$

ただし，ここで用いられている実空間拘束条件は，求める実像が実数であり，上式における任意の x について $\rho(x)$ および $\rho'(x)$ が実数とする．GS における実空間拘束条件について，誤差を下げるものとして，実空間拘束条件における n 番目の仮説実像から $n+1$ 番目の実像への以下の更新方法をエラーリダクション（ER）と名づけた．ただし D は，実空間拘束条件を満たさない領域を表し，逆空間から得られる ρ' に起因して定まる．

$$\rho_{n+1}(x) = \begin{cases} \rho'_n(x) & (x \notin D) \\ 0 & (x \in D) \end{cases} \tag{4.9}$$

フィンナップはさらに，D における更新方法として，以下のハイブリッドインプットアウトプット（HIO）という位相回復アルゴリズムを提案した．これは位相回復においては，欠かせない中心的アルゴリズムとなっている[6]．

$$\rho_{n+1}(x) = \begin{cases} \rho'_n(x) & (x \notin D) \\ \rho_n(x) - \beta \rho'_n(x) & (x \in D) \end{cases} \tag{4.10}$$

ただし β は正の定数であり，その設定は問題に応じて調整する．HIO は，ρ に対し得られている ρ' からの更新方法の模索の中で示されたものであるが，ER における最急降下法のような整然とした根拠に対して，HIO のよさの真意は不明確のままである．

位相回復のよさは，仮説として得られる実像のフーリエ強度 $|F_{\text{cal}}|^2$ が，観測値

である $|F_{\text{obs}}|^2$ とどのくらい一致するかにある．その指標として，以下の R-ファクターがよく用いられる．

$$R(F_{\text{cal}}, F_{\text{obs}}) = \frac{\sum_{k \in K} ||F_{\text{cal}}(k)| - |F_{\text{obs}}(k)||}{\sum_{k \in K} |F_{\text{obs}}(k)|} \quad (4.11)$$

GS アルゴリズムをもとにした ER と HIO は，数値シミュレーションにおいてはもちろんのこと，1999 年のミヤオ（Y. Miao）から始まった実験で得られる回折像からの位相回復においても，その有用さが発揮されている．HIO や ER による収束や一意性の研究の中で，位相回復アルゴリズムを位置づけていくことは，回折イメージングの進展に重要である．エルサー（V. Elser）は，差分写像（differential map）の枠組の中で，フィンナップの ER や HIO などを位置づけている[7]．

物体領域を完全に与えることは，対象の小ささから回折イメージングなどの実験では難しいが，よりよい実空間拘束条件を与えるために，物体サポート領域をタイトにすることは，位相回復の計算において望ましい．未知なサポートへの対応する一つの方法が，オズランニ（G. Oszlányi）とセウト（A. Sütö）によって示された．それは，GS アルゴリズムにおける実空間拘束条件の適用に特徴があり，仮説の実像にしきい値を設定し，その値によって更新式を反転させる方式である．簡単に述べると，逆空間拘束条件から得られた関数の逆フーリエ変換について，実数条件を適用した ρ について，しきい値 δ によって次の二つの関数 ρ_1 と ρ_2 に分ける．

$$\rho_1(x) = \begin{cases} \rho(x) & (\rho(x) \geq \delta) \\ 0 & (その他) \end{cases} \quad (4.12)$$

$$\rho_2(x) = \begin{cases} \rho(x) & (\rho(x) < \delta) \\ 0 & (その他) \end{cases} \quad (4.13)$$

すると $\rho = \rho_1 + \rho_2$ となることがわかる．その符号を反転させた $\rho_1 - \rho_2$ を用いて実像 ρ_n から ρ_{n+1} への更新として表現すると次のようになる．

$$\rho_{n+1}(x) = \begin{cases} \rho'_n(x) & (\rho'_n(x) \geq \delta) \\ -\rho'_n(x) & (\rho'_n(x) < \delta) \end{cases} \quad (4.14)$$

符号を反転させることから，このアルゴリズムはチャージフリッピングと名づけられている[8]．このアルゴリズムにおけるしきい値の設定については，試行錯誤的な要素を排除することはできないが，その有効性から，結晶構造解析において多く使

c. ラグランジュ形式による位相回復問題の定式化

位相回復は拘束条件のもとでの探索問題であり，関数の推定問題でもある．失ったフーリエ位相を探すためには，計算としてアルゴリズムが必要となるが，アルゴリズムは，事前の仮説から次の事後の仮説を与える方式と考えると，2項間の関係を導入することが求められる．たとえば，確率分布の場合の2項間の関係として情報量があり，情報理論における主役である．そこで，次に情報量を出発点とすることで，位相回復のアルゴリズムに言及する[9]．

位相回復において，対象の構造を表す物体関数 ρ とそのフーリエ変換 F が対に関係する．ρ と F は実空間 X および逆空間 K 上で複素数値をとる関数である（簡単のため，X, K は離散集合とする）．X 上の体積有限な関数全体の集合を P とする．よく用いられる実空間拘束条件として，実数と正値性を仮定する．その条件を満たす P の要素の集合 $\overline{P}$ と置く．$\overline{P}$ の二つの関数 ρ と τ 間の差異を測るために以下の量を導入する．

$$D_\gamma(\rho,\tau) = \sum_{x \in X} \left\{ \frac{1}{\gamma} \rho(x)(\rho(x)^\gamma - \tau(x)^\gamma) - \frac{1}{1+\gamma}(\rho(x)^{1+\gamma} - \tau(x)^{1+\gamma}) \right\} \quad (4.15)$$

ただし $\gamma \in [0,1]$ とする．この量は，べき乗密度ダイバージェンスとよばれる情報量であり，ρ と τ が確率分布のときに，つまり $\sum_x \rho(x) = 1$ および $\sum_x \tau(x) = 1$ のときに，分布間距離の最小化の観点から，この量の統計的性質がバスゥ（A. Basu）によって示されている[10]．さらには，情報理論における情報量の解析的視点から，シザール（I. Csiszár）の f-ダイバージェンスの拡張形式に基づいて位置づけられている[11]．

τ と ρ をそれぞれ事前・事後の物体関数として，ρ のフーリエ変換 F と，F の位相をそのまま用いて逆空間拘束条件 F_{obs} を振幅として入れ替えた F' との差異については，以下の2乗ノルムがよく用いられる．

$$E(F, F') = \sum_{k \in K} |F(k) - F'(k)|^2 \quad (4.16)$$

F と F' の位相は等しいことから，$E(F, F') = E(|F|, |F'|)$ となる．つまり，比較する関数については，非負で体積有限な実関数であるので，情報量 D_γ に F と F'

を導入し，$D_\gamma(F, F')$ を定式化することができる．それと式 (4.16) とは以下の関係にある．

$$\lim_{\gamma \to 1} D_\gamma(F, F') = E(F, F') \tag{4.17}$$

GSアルゴリズムにおいては，ρ と ρ' および F と F' とそれぞれの差異が小さいことが望ましい．つまり，それら間の情報量がともに小さいことに相当する．よって，GSダイヤグラムに情報量を導入することで，図 4.9 として表現できる．

事前の物体関数 τ が与えられたときに，事後の物体関数 ρ をどのように選ぶかが，位相回復アルゴリズムの定式化につながる．ρ のフーリエ変換 F と逆空間拘束 F_{obs} を適用した F' との間の情報量が小さいことが，望ましい ρ の条件となる．そこで，実空間と逆空間の情報量の和として以下を導入する．

$$L(\lambda) = D_\gamma(\rho, \tau) + \lambda E(F, F') \tag{4.18}$$

ρ に関する上式の 2 項目の導関数を考慮するために，逆空間のほうは $D_1 = E$ としている．$\partial L(\lambda)/\partial \rho = 0$ から以下が得られる．

$$\frac{\rho(x)^\gamma - 1}{\gamma} = \frac{\tau(x)^\gamma - 1}{\gamma} + \lambda(\rho'(x) - \rho(x)) \tag{4.19}$$

ただし，$\partial E(F, F')/\partial \rho$ については，フィンナップの式 (4.8) を用いている．さらに，$|\rho - \tau|$ が十分小と仮定し，その近似と τ と ρ の関係に基づいて，c_γ を正の定数として ρ_n から ρ_{n+1} への更新を，以下のように定めることができる．

$$\rho_{n+1}(x) = \{\rho_n(x)^\gamma + c_\gamma(\rho'_n(x) - \rho_n(x))\}^{1/\gamma} \tag{4.20}$$

これは，逆空間拘束条件を満たさない方向としたときに得られる ρ_n から ρ_{n+1} への更新をもとに，時定数 n を逆転させることで解くことができる．

式 (4.20) において，$\gamma = 1$ のときには，

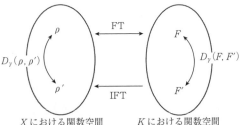

図 4.9 情報量と GS ダイヤグラム．

$$\rho_{n+1}(x) = (1 - c_\gamma)\rho_n(x) + c_\gamma \rho'_n(x) \quad (4.21)$$

となり，さらに $c_\gamma = 1$ とすることで，位相回復における ER アルゴリズムが得られる．$\gamma \to 0$ のときには，

$$\rho_{n+1}(x) = \rho_n(x)\exp[c_\gamma(\rho'_n(x) - \rho_n(x))] \quad (4.22)$$

が得られる．このとき，式 (4.18) における第 1 項は，

$$\lim_{\gamma \to 0} D_\gamma(\rho, \tau) = \sum_{x \in X} \rho(x)\ln\frac{\rho(x)}{\tau(x)} + \sum_{x \in X} \tau(x) - \sum_{x \in X} \rho(x) \quad (4.23)$$

となる．この情報量は I-ダイバージェンス[12]とよばれ，τ と ρ を確率分布としたときには，情報理論でよく登場するカルバック (S. Kullback) の情報量[13]である．

最大エントロピー法 (maximum entropy method: MEM) は，画像復元などでおなじみな方法であるが，その有用性の一端として，結晶の原子配置を見出す結晶構造解析でも用いられている．コリンズ (D. M. Collins)[14,15]による MEM 結晶構造解析法の展開に従って述べる．ここで実空間と逆空間のインデックスをそれぞれ r と k とおき直して，ジャイネス (E. T. Jaynes)[16]のエントロピー関数を導入する．

$$S(\bar{\rho}, \bar{\tau}) = -\sum_r \bar{\rho}(r)\ln\frac{\bar{\rho}(r)}{\bar{\tau}(r)} \quad (4.24)$$

$$\bar{\rho}(r) = \frac{\rho(r)}{\sum_{r'}\rho(r')}, \quad \bar{\tau}(r) = \frac{\tau(r)}{\sum_{r'}\tau(r')} \quad (4.25)$$

ただし，$\rho(r)$ は推定分布関数，$\tau(r)$ は事前仮説となる分布関数である．それらは電子密度関数に対応する．$\bar{\rho}(r)$ および $\bar{\tau}(r)$ は正規化された分布関数である．既知位相と未知の位相に関する拘束条件を以下のように与える．

$$C_1 = \frac{1}{M_1}\sum_k \frac{|F_{\text{cal}}(k) - F_{\text{obs}}(k)|^2}{\sigma(k)^2} \quad (4.26)$$

$$C_2 = \frac{1}{M_2}\sum_k \frac{||F_{\text{cal}}(k)| - |F_{\text{obs}}(k)||^2}{\sigma(k)^2} \quad (4.27)$$

ただし，M_1 および M_2 は反射数を表し，以下の F_{cal} は計算された構造因子を表す．

$$F_{\text{cal}}(k) = V\sum_r \exp(-i2\pi r \cdot k) \quad (4.28)$$

V はユニットセルの体積，F_{obs} は観測された構造因子，$\sigma(k)^2$ は F_{obs} の統計的な分散を表す．構造因子の拘束条件のもとでのエントロピーの最大化のために以下の

L_λ を用いる.

$$L_\lambda = S(\rho, \tau) - \frac{\lambda_1}{2} C_1 - \frac{\lambda_2}{2} C_2 \qquad (4.29)$$

最大エントロピーとなる確率分布は,次のように求められる[14].

$$\begin{aligned}
\rho(\boldsymbol{r}) = \exp\Big\{ &\ln \tau(\boldsymbol{r}) \\
&+ \frac{\lambda_1 F_0}{M_1} \sum_{\boldsymbol{k}} \frac{(F_{\text{obs}}(\boldsymbol{k}) - F_{\text{cal}}(\boldsymbol{k}))}{\sigma(\boldsymbol{k})^2} \exp(-i2\pi \boldsymbol{k} \cdot \boldsymbol{r}) \\
&+ \frac{\lambda_2 F_0}{M_2} \sum_{\boldsymbol{k}} \frac{(|F_{\text{obs}}(\boldsymbol{k})| \exp(i\psi(\boldsymbol{k})) - F_{\text{cal}}(\boldsymbol{k}))}{\sigma(\boldsymbol{k})^2} \\
&\times \exp(-i2\pi \boldsymbol{k} \cdot \boldsymbol{r}) \Big\}
\end{aligned} \qquad (4.30)$$

ただし,F_0 はユニットセルの総電子数とする.$F_{\text{obs}}(\boldsymbol{k})$,$\sigma(\boldsymbol{k})^2$,$\lambda_1$ および λ_2 が与えられると電子密度関数が得られる.

1990年にミレーン (R. P. Millane) は,結晶構造解析と位相回復はたがいに別々に研究が進展したことを指摘している[17].その関係について,コリンズの MEM 結晶構造解析と情報量に基づいた位相回復とのかかわりから,次に述べる[18].

まず,正規化された関数を用いているエントロピー S に対して,全節において紹介した正規化を不要とする I-ダイバージェンスを導入する.

$$I(\rho, \tau) = \sum_{\boldsymbol{r}} \rho(\boldsymbol{r}) \ln \frac{\rho(\boldsymbol{r})}{\tau(\boldsymbol{r})} + \sum_{\boldsymbol{r}} \tau(\boldsymbol{r}) - \sum_{\boldsymbol{r}} \rho(\boldsymbol{r}) \qquad (4.31)$$

位相回復においては,すべてが未知の位相であることから,未知の位相に関する構造因子を用いた逆空間拘束条件のみを用いる.GS ダイヤグラムに従い,失われている F_{obs} の位相として,F_{cal} の位相を適用することから,式 (4.8) から以下が得られる.

$$\frac{\partial}{\partial \rho(\boldsymbol{r})} \sum_{\boldsymbol{k}} |F_{\text{cal}}(\boldsymbol{k}) - F_{\text{obs}}(\boldsymbol{k})|^2 = 2(\rho(\boldsymbol{r}) - \rho'(\boldsymbol{r})) \qquad (4.32)$$

$\rho'(\boldsymbol{r})$ は,$|F_{\text{obs}}(\boldsymbol{k})| \exp[i\psi(\boldsymbol{k})]$ の逆フーリエ変換,$\psi(\boldsymbol{k})$ は F_{cal} の位相とする.式 (4.32) を利用することで以下が得られる.

$$\rho(\boldsymbol{r}) = \exp[\ln \tau(\boldsymbol{r}) + C(\rho'(\boldsymbol{r}) - \rho(\boldsymbol{r}))] \qquad (4.33)$$

ただし C は正定数とする.これは,$|\rho - \tau|$ が十分小さいと仮定することに留意し

て，情報量 D_γ における $\gamma \to 0$ の場合に帰着され，位相回復と MEM 結晶構造解析は，ラグランジュ形式で関係づけられることがわかる．

80 年代初頭にフィンナップによって位相回復アルゴリズムが展開されたと同時期に，国内においても位相回復アルゴリズムに関する研究は，精力的に進められた[19〜22]．その後，位相回復における解の一意性など，根本の理論的問題が依然として残っている．その中で実空間と逆空間それぞれの情報計量を結合させたラグランジュ形式を導入し，その最小化として位相回復を帰着させた．これは 80 年代の位相回復のアルゴリズムに関連した研究から，新たな方向性を与えている．

4.2 量子ビームにおける 1 分子イメージング

4.2.1 1 分子イメージングの必要性

有機系・生命系物質において，1 分子の安定構造や分子内運動を決定したいという要求は，現象の素過程を解明するために必須であり，また計測科学としても「究極的」という意味において研究者の目標である．1976 年ヒルシュフィールド (T. Hirschfield)[23] によって「基板上の蛍光分子は数えられる」という素朴な進歩から 1 分子計測技術ははじまった．現在は 1 分子計測学や 1 分子生理学とよばれるまでに進展し，表面科学や高分子科学においてもその計測技術の利用が盛んに行われている．ヒルシュフィールドのように可視光領域蛍光分子プローブを用いた蛍光 1 分子検出法は，その計測精度の向上を目的として多くの工夫がなされてきた．着目した 1 分子からの構造や分子内運動情報に関して，生体系を維持した状態で，つまり *in vivo* において究極的に高感度計測することが究極的な計測形態である．理想的には，実験室規模で実測できる装置構成を意識して進めなければならない．なぜなら，究極的 1 分子計測システムの実現は，生命科学のように多様なサンプル系を研究対象とすることも忘れてはならないからである．素粒子研究のように，世界に 1 台というコンセプトで研究開発するべきだろう．

1 分子計測と顕微鏡の概念は基本的に違う．「回折限界」という光学の常識から逸脱した「1 分子イメージング」は画期的な発想であった．現在も 1 分子計測技術の基本であり，2014 年ノーベル化学賞を受賞した超解像（super resolution）の基本概念（図 4.10）となっている[24]．「回折限界」を超えたというより，最新の画像

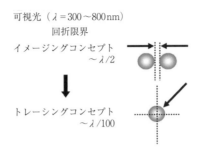

図 4.10 回折限界の概念図.

解析技術によって,「回折限界」を回避することのできるイメージング技術が実現したといえる.このように,これからの計測技術開発は,いままでのようにハード一辺倒の開発では最終目標を達成できないところまできている.画像解析技術や人工知能の適応が求められている.

4.2.2 標識法を利用する 1 分子計測

量子ビーム利用研究において,「標識」という表現より「トレーサー」という発想が使われてきた.この発想はかなり古く,最初の提案は放射性トレーサー法である.人工ラジオアイソトープをトレーサーに利用したヘヴェシー (G. Hevesy) とキーヴィッツ (O. Chiewitz) の研究は有名である[25].非放射性元素であったリンを放射性リン ^{32}P として自作製造し,生物系への利用法を示した研究は核医学研究の方向を決定的にした.その後すぐに放射性ヨウ素 ^{128}I などの利用もはじまった.核医学の父とよばれるブルムガート (H. Blumgart) はラジウムを使って心不全の患者の病状を計測した.トレーサーのもつべき特徴に関する彼の当時の議論は,現在の研究においても正論である.(1) 身体内に存在しない物質,(2) 検査対象になる現象に影響を及ぼさない物質,(3) 極微量でも検出可能な物質,(4) 身体内から適当な速さでなくなっていく物質である点だ.現在,放射性トレーサーの利用はその放射性という特性から利用数は年々激減している.

それに代わって現在標識トレーサーといえば,高感度な蛍光分子や量子ドットが主流となっている.とくに高輝度の蛍光分子 (green fluorescent protein: GFP) の発見が当時プリンストン大学に在籍していた日本人である下村脩であったことはわれわれに勇気を与えてくれた[26].1962 年発光生物学の研究過程で,発光クラゲで

あるオワンクラゲからイクオリンと GFP なる発光分子を発見した．この発見により下村は 2008 年ノーベル化学賞を受賞した．この GFP に代表される蛍光分子も，先に述べた放射性トレーサーの四つの特徴を見事に兼ね備えている．現在，多くの蛍光分子が考案され使用されており，販売されている．まさにそれは 1920～1940 年代に多くの人工放射性トレーサーが登場した時代と酷似する．計測技術開発史においても歴史はくり返す．

4.2.3　X 線 1 分子追跡法

1 分子内の特定部位の運動が原子オーダー以下の精度で高速時間計測できれば，機能性生体分子の機能発現に伴うきわめて微小な構造変化情報が得られる．この精度を達成するために原子と同じサイズの波長をもつ X 線を利用する．しかし，多くの研究者は「X 線を用いて 1 分子を検出できるのか」という疑問がわく．それは物質と電磁波との散乱断面積が波長に比例するという常識からである．可視領域において行われているように，発光，吸収，散乱現象を用いて 1 分子を直接的に検出することは，X 線領域では，第三世代大型放射光施設を用いて，かつ数時間の積算をしたとしても難しいことは計算すると明らかである．

　X 線 1 分子追跡法（diffracted X-ray tracking: DXT）という新しい計測手法は，X 線の物理現象で一番高感度な現象，つまり，X 線回折を利用する時分割 X 線回折法である．図 4.11 のように X 線 1 分子計測法のアイデアは単純である[27, 28]．直径 20 nm 程度の極微ナノ結晶をタンパク質分子にその機能を損なわないように標識する．そして極微ナノ結晶からのラウエ斑点を指標に，着目したタンパク質分子の動きを時分割（ミリ秒からマイクロ秒）追跡する．図 4.11 は目的 1 分子ユニットの一部に構造変化があると，その部位に標識されているナノ結晶がその構造変化と同期して変位し，ナノ結晶からのラウエ回折斑点の方向を変化させるという例を示している．ここで注意しなければならないのは，検出しているのは標識されたナノ結晶の回転方位であり，分子自身の回転運動や並進運動ではない．したがって，ここではナノ結晶の運動とナノ結晶が標識された目的分子内の部位（被標識部位）が同様の運動をしているということが大前提となる．これはナノ結晶と被標識部位の距離，結合状態に依存する．現在まで，比較的広い条件下でこの前提は成立していることが多くの DXT 計測結果からわかってきた．

78　4　ナノ構造体・1分子イメージング

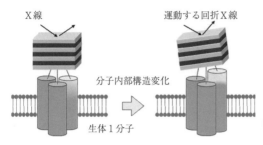

図4.11　X線1分子追跡法（DXT）の概念図.

　以上のようにX線1分子計測法は，直接的に1分子の動きをX線検出する方法ではなく，1分子内部の運動を高精度に検出するためのトレーサーを利用した標識法である．2010年に研究が本格的に開始されたX線自由電子レーザ（X-ray free electron laser: XFEL）などの次世代大型放射光施設を用いた1分子構造解析とは異質のものである．もちろん，XFEL利用のようなきわめて単純で直接的に目的を達成しようとする研究方向は，X線だけではなく，電子線の単粒子解析法[29]や核磁気共鳴（nuclear magnetic resonance: NMR）の1分子バージョンである磁気共鳴力顕微鏡（magnetic resonance force microscopy: MRFM）の目指す1分子構造決定法，それに計算科学が推し進める1分子構造予想の流れを見てもきわめて必然的であり，ある意味ではX線計測研究分野は非常に遅れていた.

　X線1分子追跡法が，原子サイズよりも細かい精度を達成することができる理由を図4.12で単純化して説明する．図4.10では1分子計測と顕微鏡の概念が基本的に違うことを示した．「回折限界」という光学常識から逸脱した「分子追跡概念」である．1998年にこの超解像概念をX線領域に拡張し，ナノ結晶を標識するというアイデアを提案し実現したのがX線1分子追跡法である．DXTで得られる情報の次元性としては，θ方向とχ方向をまったく独立な次元として測定されるので，極座標表示と考えれば3次元的な運動へ帰属できる（図4.13）．タンパク質分子が基板や生体膜に垂直に挿入されている場合は，その垂直方向に平行に微小振動している運動（tilting）がθ方向に回折スポットが運動する方向で，タンパク質の面内（垂直方向に対して垂直な面（細胞膜面内））における回転運動（rotating）に帰属されるのがχ方向の回折スポット運動に対応する．標識されたナノ結晶は，非標識体のタンパク質分子の微細な運動様式を追随して運動してくれるという当時の勝手な

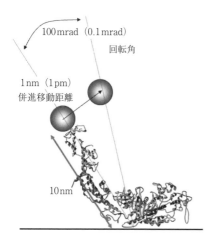

図 4.12 分子の長さ 10 nm の部位が図のように 1 pm 移動すると，角度換算で 0.1 mrad 回転することになる．この回転角は X 線回折では簡単に計測できる．

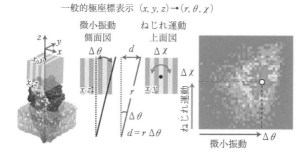

図 4.13 X 線 1 分子追跡法で計測される二つの測定値から 3 次元的な情報を引き出す．得られた運動情報は 2 次元ヒストグラムとして表記される．

仮定は，水溶液の粘性抵抗を考慮した妙案であった．この仮定を証明するためには，多くのタンパク質分子系の定量的解析結果が必要であった[30〜32]．

4.2.4 次世代 1 分子イメージング

DXT はトレーサーからの時分割ラウエ回折法といえる．トレーサーからの量子ビームを用いた回折現象は X 線に限った現象ではない．DXT がそのプローブの波長性を高精度性の理由としているのであれば，量子ビームすべての 1 分子追跡法は試されるべきであろう．非常に有名な現象として，走査型電子顕微鏡（scanning electron microscope: SEM) による電子後方散乱回折 (electron backscattering diffraction: EBSD) がある．これは電子線1分子追跡法 (diffracted electron tracking: DET) として適応可能であった[33]．図4.14はDET測定装置配置図である．本法において注意すべき点は，電子線によるダメージが深刻で，その回避のために電子線プローブが直接タンパク質分子に照射されないように，電子線プローブが数Åのビーム径を利用している点である．

以上のように，DETは装置規模が研究室レベルであるという点を加えると，現状ではDXTと比較するとDET法のほうが間違いなく魅力的である．しかし，DXTは得られる情報が表面近傍だけではなく，深部（〜マイクロメートルレベル）での計測が可能で，細胞を用いた in vivo 計測が実現できる．タンパク質1分子の正確な機能発現メカニズムを計測するのが最終目的であるならば，細胞場という条件は最低守らなければならない．今後の開発として，長時間測定しても非破壊計測が可能な中性子1分子追跡法 (diffracted neutron tracking: DNT) は避けては通れない重要な計測手法となる．DNTの魅力的な点を一つ述べるならば，in vivo 計測において，その計測場が細胞から組織へ移行して行った場合，その必要な計測時間はよりいっそう長時間必要となる．その間（たとえば数日）を連続的に測定できるほどの非破壊性をもっているプローブでなければならないことは自明であり，中性子が最適と判断できる．今後もたとえば，細胞内チャネルタンパク質分子の構造動態計測，パッチクランプ法との併用DXT計測，可視1分子計測とのDXT同時計測，

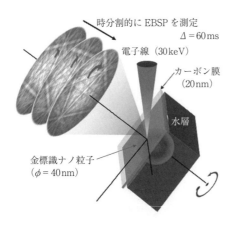

図4.14 電子線1分子追跡法の概念図.

天然変性タンパク質分子の動態挙動計測，局部的な粘性特性の変化する過飽和現象計測，ミクロ流体にかかわる動的挙動現象など，未知なる現象を高速に高精度に計測されていくだろう．ほかにも X 線干渉現象や X 線全反射現象時に起こるエバネッセント波発生は新しい1分子計測の原理として非常に魅力的である．その利用の際に「高速性」と「高感度性」を実現できるならば1分子計測への道は開かれる．

参考文献

[1] たとえば，田中信夫：『電子線ナノイメージング』（内田老鶴圃，2009）．
[2] O. Kaminuma, et al.: Ultramicroscopy **110** (2010) 130.
[3] O. Kamimura, et al.: Appl. Phys. Lett. **98** (2011) 174103.
[4] K. Kawahara, et al.: Phys. Rev. B. **81** (2010) 081404.
[5] 郷原一寿ほか：計測と制御, **50** (2011) 313.
[6] J. R. Fienup: Applied Optics **21** (1982) 2758.
[7] V. Elser: J. Opt. Soc. Am. A **20** (2003) 40.
[8] G. Oszlányi and A. Säuto: Acta Cryst. **A60** (2003) 134.
[9] H. Shioya and K. Gohara: Optics Commun. **266** (2006) 88.
[10] A. Basu, et al.: Biometrika **85** (1998) 549.
[11] M. Uchida and H. Shioya: Electronics and Communication in Japan: Part3, Fundamental Electronic Science **88** (2005) 35.
[12] I. Csiszár: Ann. Stat. **19** (1991) 2033.
[13] S. Kullback and R. A. Leibler: Ann. Math. Stat. **22** (1951) 79.
[14] D. M. Collins: Nature **298** (1982) 49.
[15] M. Sakata and M. Sato: Acta Cryst. **A46** (1990) 263.
[16] E. T. Jaynes: IEEE Trans. Syst. Cybern. **SSC4** (1968) 227.
[17] R. P. Millane: J. Opt. Soc. Am. A **7** (1990) 394.
[18] H. Shioya and K. Gohara: J. Opt. Soc. Am. A **25** (2008) 2846.
[19] J. Maeda and K. Murata: Appl. Opt. **20** (1981) 274.
[20] 前田純治，村田和美：光学 **11** (1982) 230.
[21] 中島伸治，朝倉利光：光学 **11** (1982) 241.
[22] H. Takajo and T. Takahashi: J. Opt. Soc. Am. A **5**(3) (1988) 416.
[23] T. Hirschfeld: Appl. Opt. **15** (1976) 2965.
[24] C. Eggeling, et al.: Nature **457** (2009) 1159.
[25] A. D. Hershey and M. Chase: J. Gen. Physiol. **36** (1952) 39.
[26] O. Shimomura, F. H. Johnson, and Y. Saiga: J. Cell. Comp. Physiol. **59** (1962) 223.
[27] Y. C. Sasaki, et al.: Phys. Rev. E. **62** (2000) 3843.
[28] Y. C. Sasaki, et al.: Phys. Rev. Lett. **87** (2001) 248102.
[29] T. Nakagawa, et al.: Nature **433** (2005) 545.

[30] H. Shimizu, *et al.*: Cell **132** (2008) 67.
[31] Y. C. Sasaki: *Soft Namomaterials*, H. S. Nalwa *ed.* (American Scientific Publishers, 2009) p. 69.
[32] Y. C. Sasaki: *Fundamentals of Picoscience* K. D. Sattler *ed.* (CRC Press, 2013) p. 209.
[33] N. Ogawa, *et al.*: Sci. Rep. **3** (2013) 2201.

5

第一原理電子状態計算法と分子動力学法

　物質の構造と，その物質がもつ電気的・磁気的性質や，機械的強度，化学反応性などを理論シミュレーションから予測することは，近年の急速な計算機シミュレーションの発展によって，可能になりつつある．また，それらの性質を発現する物理的要因を解明することも可能であり，その知見をもとに，より望ましい性質をもつ新たな物質を設計する指針を与えることも試みられており，実験を行わずとも理論的研究によって新たな物質の合成やそれらの性質の予測を可能にすることを目指した研究が進みつつある．

　物質の構造を予測するには，原子間の相互作用エネルギーを計算し，異なる原子配置での安定性（エネルギー，または自由エネルギー）を精度よく求める必要がある．原子間の相互作用エネルギーを計算する方法としては，精度が高いものから低いものまでさまざまなものがある．計算精度と取り扱える計算モデルの規模（原子数）はトレードオフの関係にあり，高い計算精度をもつ手法では取り扱える原子数が小さく，一方，計算精度を落とした手法では大規模な系の計算が可能である．本章では，計算精度の高い手法として代表的な第一原理電子状態計算法と，計算精度はかなり落ちるが大規模な系を高速に計算することが可能な分子動力学法に関して解説する．

5.1 電子状態計算手法

5.1.1 量子力学の復習

物質中の電子の振舞いを理解するには，量子力学の基本方程式であるシュレーディンガー方程式に基づいて電子の状態を計算する必要がある．そこで，まず量子力学を簡単に復習しておこう．ポテンシャル $V(\boldsymbol{r})$ 中で質量 m の電子の波動関数 $\psi_i(\boldsymbol{r})$ は次のシュレーディンガー方程式を満たす．

$$\begin{aligned}
\hat{H}\psi_i(\boldsymbol{r}) &= -\frac{\hbar^2}{2m}\Delta\psi_i(\boldsymbol{r}) + V(\boldsymbol{r})\psi_i(\boldsymbol{r}) \\
&= -\frac{\hbar^2}{2m}\left(\frac{\partial^2\psi_i(\boldsymbol{r})}{\partial x^2} + \frac{\partial^2\psi_i(\boldsymbol{r})}{\partial y^2} + \frac{\partial^2\psi_i(\boldsymbol{r})}{\partial z^2}\right) + V(\boldsymbol{r})\psi_i(\boldsymbol{r}) \\
&= E_i\psi_i(\boldsymbol{r})
\end{aligned} \tag{5.1}$$

ここで，$\hat{H}$ はハミルトニアンであり $\boldsymbol{r}=(x,y,z)$ は位置ベクトルである．この方程式を解いて i 番目のエネルギー固有値 E_i とその固有波動関数 $\psi_i(\boldsymbol{r})$ を求めることにより，この系のエネルギー分布や電子分布 $\rho_i = |\psi_i(\boldsymbol{r})|^2 = \psi_i^*(\boldsymbol{r})\cdot\psi_i(\boldsymbol{r})$ を求めることができる．

物質の電子状態の基本になるのが水素原子である．水素原子は $+e$ の電荷をもつ陽子と $-e$ の電荷をもつ電子からなり，本来は陽子と電子の両方に関してシュレーディンガー方程式を解く必要があるが，陽子の質量は電子の質量に比べて1800倍以上大きく，電子状態を求める際に陽子は止まっていると考えてよい．簡単のために陽子は原点に静止しているとして，その陽子がつくる静電場中で電子が感じるポテンシャル $V(\boldsymbol{r}) = -e^2/4\pi\varepsilon_0 r$ をシュレーディンガー方程式 (5.1) へ代入して，水素原子中の電子の固有エネルギーと波動関数を求める．これは，解析的な解が求められている．波動関数を $\psi_i(\boldsymbol{r}) = R_{nl}(r)Y_{lm}(\theta,\phi)$ と動径座標 r（原点からの距離）と角度座標 θ, ϕ に分離してそれぞれの固有関数が求められている．ここで n, l, m はそれぞれ主量子数 ($n=1,2,3,\cdots$)，方位量子数 ($l=0,1,2,\cdots$)，磁気量子数 ($m=-l,-l+1,-l+2,\cdots,l-1,l$) とよばれている．主量子数はエネルギー固有値を決める ($E_{nlm} \simeq -1/n^2$)（一般の原子は多数の電子をもつため，電子間の相互作用があり，エネルギー準位は方位量子数にも関係してくるので注意すること）．また，主量子数は電子の空間分布，とくに原点からの距離に対する分布を

特徴づけ，$n = 1, 2, 3, 4, 5, 6$ をもつ電子はそれぞれ K 殻，L 殻，M 殻，N 殻，O 殻，P 殻とよばれる殻構造をもつ．一方，方位量子数は角度方向の分布を特徴づけ，$l = 0, 1, 2, 3$ をもつ電子波動関数はそれぞれ s 軌道，p 軌道，d 軌道，f 軌道とよばれる．

5.1.2 非経験的分子軌道法

「第一原理電子状態計算」とか「第一原理計算」とよばれる計算手法が近年，物質科学の分野でもてはやされるようになってきている．「第一原理計算」とは，「原子番号以外の実験的に得られた情報を用いずに，量子力学など物理学の第一原理に基づく電子状態計算を行う手法」，というのがもともとの意味であり，周期的な結晶を取り扱う固体物理学の分野で発展してきた計算手法である．それに対して，分子科学の分野でも，実験結果を再現するように調節された経験的パラメータを用いずに分子の電子状態を計算する電子状態計算手法として「非経験的分子軌道法」あるいは「*ab initio* 分子軌道法」とよばれる手法が発展してきた．これらの手法は目指すところは共通で，「物質の電子状態を正確に求め，物質の性質を理論的に予測すること」であるが，計算する対象が固体と分子で異なるため，有効な計算手法が異なり，両者はたがいにゆるく影響しつつ，比較的独立に発展してきていた．

N_atom 個の原子と N_electron 個の電子を含む分子の電子状態を求めることを考える．一般に，分子や固体の電子状態計算では，原子核の質量は電子の質量に比較してはるかに大きいため，静止している原子核の中で運動する電子の状態を計算することから出発する．これを「断熱近似」あるいは「ボルン-オッペンハイマー近似」とよぶ．この系の電子に対するシュレーディンガー方程式は次式で表される．

$$\hat{H}\Psi(x_1, x_2, \cdots, x_{N_\text{electron}}) = E\Psi(x_1, x_2, \cdots, x_{N_\text{electron}}) \tag{5.2}$$

ここで，R_A は A 番目の原子の位置ベクトル，x_i は i 番目の電子の座標（空間座標ベクトル r_i とスピン座標 ξ_i を合わせたもの）とすれば以下のようになる．

$$\hat{H} \equiv \sum_{i=1}^{N_\text{electron}} \left(-\frac{\hbar^2}{2m}\right)\Delta_i - \sum_{i=1}^{N_\text{electron}}\sum_{A=1}^{N_\text{atom}} \frac{Z_A e^2}{4\pi\varepsilon_0|r_i - R_A|} + \sum_{i=1}^{N_\text{electron}}\sum_{j>i}^{N_\text{electron}} \frac{e^2}{4\pi\varepsilon_0|r_i - r_j|} \tag{5.3}$$

ハミルトニアンの各項は，電子の運動エネルギー，原子核-電子の相互作用，電子

(a) 原子軌道

s 軌道　　p 軌道　　d 軌道

(b) 分子軌道

p 軌道の線形結合

1,3-ブタジエンの HOMO

図 5.1　原子軌道と分子軌道.

間の相互作用からできている．$Z_A e$ は原子核 A の電荷を意味する．これを解くことで原子の位置の関数として全系のエネルギー $E(\boldsymbol{R}_1, \boldsymbol{R}_2, \boldsymbol{R}_3, \cdots, \boldsymbol{R}_{N_{\text{atom}}})$ が求まる．原子配置（自由度は $3N_{\text{atom}}$ 次元）に依存したエネルギーを求めることにより，どのような原子配置が安定で，一つの安定構造から別の安定構造への経路（化学反応経路）やそのときに超える必要があるエネルギー障壁がどの程度か，電子移動反応で電子がどのように移動するのが一番起こりうるかなどを知ることができる．ほかにも，MD（molecular-dynamics）法に必要なパラメータを求めることもできる．

　タンパク質などの分子の電子の状態，つまり分子中の電子の分布を計算する場合には，固体などのバンド計算で使う平面波とは異なり，原子軌道をもとにしたガウス型関数を基底関数として分子軌道を構成し，それを用いてシュレーディンガー方程式を近似的に解くことが多い．これを分子軌道法とよぶ．原子軌道は原子のシュレーディンガー方程式を解くことで得られる波動関数であり，s 軌道，p 軌道，d 軌道などがある（図 5.1 (a)）．分子軌道は 1 電子の分子上での状態を表し，原子軌道を基底関数として線形結合してつくられる．これを LCAO（linear combination of atomic orbital）の方法とよぶ．LCAO 法では，分子の性質にはそれを構成する原子の性質が反映される．図 5.1 (b) には，分子軌道の例として 1,3-ブタジエンの最高占有軌道（highest occupied molecular orbital: HOMO）を示す．図にあるように，HOMO が 1,3-ブタジエンを構成する炭素の原子軌道（p 軌道）を用いてつくられているのがわかるだろう．このような分子軌道を求めるには，分子に対するシュ

5.1 電子状態計算手法

レーディンガー方程式を解く必要があるが電子間相互作用のため厳密には解けない．

そこで近似として，ある電子とほかの電子の直接の相互作用を考えるのではなく，これらがつくる平均的なポテンシャルの中で電子の状態（分子軌道）を求める（独立粒子近似・平均場近似）．そのようにして電子状態を求める方法をハートリー–フォック（Hartree-Fock: HF）法という．しかし，本来電子の運動は電子同士のクーロン反発による影響を受ける．これを電子相関という．実際に信頼性のある高精度の電子状態計算には，電子相関を何らかのかたちで考慮しなければならない．そこでHF法で得られた波動関数を摂動のかたちで補正をするMP（Møller-Plesset）多体摂動法やHF法で求めた波動関数をもとに線形結合をつくり電子相関を取り込む配置間相互作用（configuration interaction: CI）法などが開発されている．ただし，これらの方法は計算コストが非常に高いため，大きな分子への適用は限られている．

電子相関を取り込む別の方法として後の節で説明する密度汎関数（density functional theory: DFT）法がある．これは「分子の性質は電子の密度分布で決定される」というホーエンベルク–コーンの定理のもとにシュレーディンガー方程式と等価なコーン–シャム方程式を解く方法である．電子相関をある程度取り込んでいるにもかかわらず，計算のコストがHF法と同程度であることから利用が急増しており，現在，電子状態計算法といえばDFTを指すほどの主流の計算法となっている．DFTでは電子相関は交換相関汎関数に含まれるが，厳密なかたちは不明であるため，多くの近似的な交換相関汎関数が開発されている．その中で，「B3LYP」が最も有名な交換相関汎関数として知られており，多くの分子物性の実験値を再現する．ただし，タンパク質の金属活性サイトなどでは，電子状態が複雑なため，交換相関汎関数の検証をすることが必須である．

量子力学計算の代表的なプログラムとしては，表5.1に示すようなものがある．とくにGaussian，GAMESSはこのような計算で世界的に有名なプログラムであ

表5.1 代表的な分子軌道法プログラムとURL

プログラム名	URL
Gaussian	http://gaussian.com/
GAMESS	http://www.msg.ameslab.gov/gamess/
NWChem	http://www.nwchem-sw.org/index.php/Main_Page

り,最もよく使われている.Gaussian は計算に必要なさまざまな機能を備えているうえ,プログラムを走らせるのにとても使いやすいインターフェースが用意されている.GAMESS も Gaussian に負けないくらいさまざまな機能を備えているのにもかかわらず,表5.1に記載した URL から無償で入手できる.こちらもインターフェースが別の研究グループにより無償で公開されている(たとえば,MacMolPlt (http://www.scl.ameslab.gov/~brett/MacMolPlt/),Facio (http://www1.bbiq.jp/zzzfelis/)).NWChem も無償で利用ができ,しかも並列性に優れている.

5.1.3 密度汎関数理論

分子科学の分野で非経験的分子軌道法が開発されてきたのに対して,固体物理の分野では密度汎関数理論に基づく電子状態計算手法が開発されてきていた.非経験的分子軌道法では分子の波動関数を精度よく求めることにより,分子のさまざまな性質を計算する手法である.このため,「波動関数理論」ともよばれている.それに対し,密度汎関数理論では「電子密度」を精度よく求めることにより,固体のさまざまな性質を計算する手法である[1].波動関数の代わりに電子密度からも,基底状態の全エネルギーをはじめさまざまな物理量が求められることは,ホーエンベルク-コーンの定理によって基礎づけられている.通常の量子力学では,外場 $V(r)$(たとえば正の電荷をもつ原子核がつくる電場)が与えられると,シュレーディンガー方程式 (5.3) を解いて波動関数 $\Psi(x_1, x_2, \cdots, x_{N_{\text{electron}}})$ を求める.波動関数が求まると,さまざまな物理量の期待値を計算することができる.たとえば,全エネルギーの場合はハミルトニアンの期待値として計算することができる.

$$E = \int dx_1 \int dx_2 \cdots \int dx_{N_{\text{electron}}} \Psi^*(x_1, x_2, \cdots, x_{N_{\text{electron}}}) \hat{H} \Psi(x_1, x_2, \cdots, x_{N_{\text{electron}}}) \tag{5.4}$$

また,電子密度も次の式から求めることができる.

$$\rho(\mathbf{r}) = \int d\xi \int dx_2 \cdots \int dx_{N_{\text{electron}}} |\Psi(x_1, x_2, \cdots, x_{N_{\text{electron}}})|^2 \tag{5.5}$$

それに対して,ホーエンベルク-コーンの定理では,電子密度 $\rho(r)$ が与えられると,その電子密度を基底状態の電子密度として与える外場 $V(r)$ が一意的に決まることが示された(図5.2).波動関数は各電子の空間座標とスピン座標に依存するた

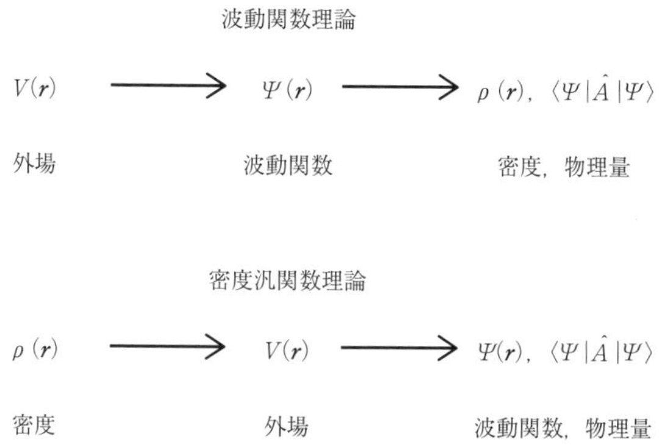

波動関数理論

$V(r) \longrightarrow \Psi(r) \longrightarrow \rho(r), \langle \Psi | \hat{A} | \Psi \rangle$

外場　　　　　波動関数　　　　密度, 物理量

密度汎関数理論

$\rho(r) \longrightarrow V(r) \longrightarrow \Psi(r), \langle \Psi | \hat{A} | \Psi \rangle$

密度　　　　　外場　　　　　波動関数, 物理量

図 5.2 波動関数理論と密度汎関数理論.

め $4N_{\text{electron}}$ 次元の複素関数であり大変複雑な関数である．そのため，電子数が増えると精度の高い波動関数を求める労力は爆発的に増えてしまう．理想的な固体は原子が周期的に無限に配列しているので，電子数も無限であり，波動関数を書き表すことさえ不可能になるが，電子密度 $\rho(r)$ なら結晶中に無数の電子を含む場合でも 3 次元空間の周期関数として書き表すことが可能であり，はるかに簡単化される．電子密度から系の全エネルギーは以下のように計算される．

$$E = -\frac{\hbar^2}{2m} \sum_{i=1}^{N_{\text{electron}}} \int \psi_i^*(r) \Delta \psi_i(r) - \sum_{A=1}^{N_{\text{atom}}} \int \frac{Z_A e^2 \rho(r)}{4\pi\varepsilon_0 |r - R_A|} dr$$

$$+ \iint \frac{e^2 \rho(r) \rho(r')}{4\pi\varepsilon_0 |r - r'|} dr dr' + E_{xc}[\rho(r)] \tag{5.6}$$

$$\rho(r) = \sum_{i=1}^{N_{\text{electron}}} |\psi_i(r)|^2 \tag{5.7}$$

ここで $\psi_i(r)$ は電子の運動エネルギーを正確に計算するために導入された補助的な 1 電子波動関数である．式 (5.6) の第 1 項は運動エネルギー，第 2 項は原子核との相互作用エネルギー，第 3 項は電子間の古典的なクーロン相互作用（ハートリーエネルギー），第 4 項は交換相関相互作用エネルギー汎関数[1]とよばれ，ハートリーエネルギーに対する量子力学的な補正を表す[2]．1 電子波動関数 $\psi_i(r)$ は次のコー

---

[1] 変数 x の値に対して y の値を定める規則が関数 $y = f(x)$ であるが，関数 $g(x)$ に対して y の値を定める規則を汎関数 $y = F[g]$ とよぶ．

[2] 正確には運動エネルギーの補正も含む．

ン-シャム方程式を解くことによって得られる．

$$\left\{-\frac{\hbar^2}{2m}\Delta - \sum_{A=1}^{N_{\mathrm{atom}}} \frac{Z_A e^2}{4\pi\varepsilon_0|\bm{r}-\bm{R}_A|} + \int \frac{e^2\rho(\bm{r})\rho(\bm{r}')}{4\pi\varepsilon_0|\bm{r}-\bm{r}'|}\mathrm{d}\bm{r}' + V_{xc}[\rho(\bm{r})]\right\}\psi_i(\bm{r}) = \epsilon_i \psi_i(\bm{r}) \tag{5.8}$$

ここで V_{xc} は交換相関ポテンシャルとよばれ，

$$V_{xc}[\rho](\bm{r}) = \frac{\delta E_{xc}}{\delta \rho(\bm{r})} \tag{5.9}$$

で与えられる．コーン-シャム方程式 (5.8) に含まれる電子密度 $\rho(\bm{r})$ は式 (5.7) より1電子波動関数から計算されるので，式 (5.8) を解く際，最初に試行密度関数 $\tilde{\rho}(\bm{r})$ を適当につくり，それを用いて式 (5.8) を解き，得られた1電子波動関数から式 (5.7) を用いて密度を計算する．新たに求めた密度関数を用いて式 (5.8) を解き…と，この手続きをくり返して自己無撞着に計算する必要がある．

さて，密度汎関数理論における全エネルギー式 (5.6) であるが，この精度は第4項の交換相関相互作用エネルギー汎関数 $E_{xc}[\rho]$ に大きく左右される．正確な交換相関相互作用エネルギー汎関数は存在するはずであるが，その具体的なかたちは知られていない．そのため，近似的に計算する必要がある．最も簡単な近似は局所密度近似 (local density approximation: LDA) とよばれる近似で，これは全空間を小さい領域に分割し，それぞれの領域では電子密度は一様であると見なし，その領域での交換相関エネルギーを一様電子ガスのもので近似するものである．

$$E_{xc}^{\mathrm{LDA}}[\rho] = \int \epsilon_{xc}^{\mathrm{LDA}}(\rho(\bm{r}))\rho(\bm{r})\mathrm{d}\bm{r} \tag{5.10}$$

ここで $\epsilon_{xc}^{\mathrm{LDA}}(\rho(\bm{r}))$ は一様電子ガスの交換相関エネルギー密度で，密度の関数として精度の高い近似式が知られている．LDAはきわめて簡単な近似であり，とくに原子核近くで電子密度は急峻に変化するので，近似はよくないのではないかと思われるが，実際に固体のバンド構造や安定性を調べてみると意外に精度よく計算できることがわかり，固体の電子状態計算では広く使用されてきた．しかしながら，(1) 固体の凝集エネルギーや分子の原子間結合エネルギーを過大評価する，(2) 分散力（長距離ファン・デル・ワールス相互作用）が表せていない，(3) 半導体や絶縁体のエネルギー・バンドギャップを過小評価する，といった欠点がある．(1) の問題点については，電子の局所密度に加えて1階の電子密度勾配まで取り入れた

一般化密度勾配近似（generalized gradient approximation: GGA）によって格段に精度が上がることが示された．

$$E_{xc}^{\text{GGA}}[\rho] = \int \epsilon_{xc}^{\text{GGA}}(\rho(r), |\nabla \rho(r)|)\rho(r) \mathrm{d}r \tag{5.11}$$

GGAによる交換相関エネルギーと，正しい交換エネルギー（ハートリー-フォック交換エネルギー）を組み合わせることも提案され（ハイブリッド汎関数），さらに，精度がより高まった．従来，分子科学の分野で化学反応過程の計算に使われていたハートリー-フォック＋2次摂動補正（MP2）に比較して計算量がはるかに少なくて精度は高いことが示され，現在では化学反応過程の計算で主流の手法となっている．ハイブリッド汎関数は欠点の（3）についても改善する結果を与え，固体酸化物の計算でも用いられるようになってきている．欠点の（2）についても，長距離の電子相関を近似的に取り込んだファン・デル・ワールス汎関数（vdW-DF（density functional））が開発され，有機固体や物理吸着系などに対してもきわめて精度の高い計算が可能になりつつある．

固体の電子状態計算プログラムは多数開発されており，国内で開発されている代表的なコードを表5.2に示す．これらは波動関数を展開する基底関数に違いがあり，それによって得意とする対象も異なってくる．STATE-Senriは擬ポテンシャルと平面波基底に基づく高度にチューニングされたプログラムで，固体や固体表面・界面などの構造や化学反応過程の計算に多く使われている．HiLAPWは線形補強平面波（linear augmented plane wave: LAPW）法に基づく計算プログラムで，密度汎関数法の範囲内では最も精度の高いプログラムである．OpenMXとCONQUESTは局在基底によるオーダーN法の第一原理プログラムであり，大規模な半導体や生体分子の計算を得意とする．

日本国内でプログラム開発が盛んであるとともに，それらの使用方法を習得する

表5.2 代表的な固体電子状態計算プログラムとURL

プログラム名	URL
STATE-Senri	http://www-cp.prec.eng.osaka-u.ac.jp/puki_state/index.php?FrontPage
HiLAPW	http://www.cmp.sanken.osaka-u.ac.jp/~oguchi/HiLAPW/index.html
OpenMX	http://www.openmx-square.org
CONQUEST	http://www.order-n.org

ためのワークショップも充実したものがある．CMD (computational materials design) ワークショップとよばれるワークショップが毎年開催されているが，密度汎関数理論の基礎から，電子状態計算手法の詳細，さらにはプログラムを実際に用いた実習まで行われている[2]．このようなワークショップに参加することにより，第一原理計算プログラムを用いて具体的な物質の計算を開始することが容易となる．

5.2 固体表面・界面での構造と化学反応に関する第一原理電子状態計算

固体表面上や界面での分子吸着や化学反応過程は，半導体デバイスや不均一触媒，燃料電池，二次電池，腐食，コーティングなど，さまざまな分野で重要な過程である．しかしながら，これらの過程を実験的に解明することはきわめて困難な場合が多い．そのような系に対して，第一原理電子状態計算の果たす役割は大きい．予測精度の高い第一原理電子状態計算は空間スケールと時間スケールの両者に対して超高分解能な顕微鏡であるといえ，実験的には解明できない表面や界面の原子・分子吸着過程や反応過程を解明するために非常に有効である．さらには今後，より望ましい界面を設計する指針を与える非常に強力な武器として期待されている．本節では固体表面や界面の構造と反応過程を第一原理シミュレーションで解明してきた例について紹介する．

5.2.1 分子の吸着エネルギーの遷移金属依存性

遷移金属はアンモニア合成反応（鉄），自動車排ガス触媒（白金，ロジウム，パラジウム），メタノール合成反応（銅/亜鉛）などさまざまな不均一触媒反応の触媒として重要である．これらの金属触媒の反応性を支配する要因を明らかにすることは，より高い性能をもつ触媒を設計する指針が得られると期待される．遷移金属表面上への分子吸着過程は不均一触媒反応の第一段階として重要な過程であるため，以前から実験・理論による研究が多くなされてきた．さまざまな遷移金属表面への一酸化炭素分子（CO）や酸素分子（O_2），水素分子（H_2）などいろいろな分子の吸着エネルギーを調べた実験結果によると，遷移金属周期表の右側，すなわちd電子数が多い金属表面上では吸着が弱く，周期表の左側，すなわちd電子数が少ない金属表面上では吸着が強い．これは多くの分子吸着に関して一般的に見られる傾向で

ある.たとえば,白金(Pt)はCO酸化触媒や自動車排ガス触媒などで重要であるが,周期表の右隣の金(Au)は非常に不活性で分子が吸着しにくい金属である.さらに,同じ金でも固体の金の表面は不活性であるが,ナノスケールのクラスタにした場合,低温でもCO酸化触媒として作用するほど高活性になることが知られている.

これらの違いには,分子軌道と遷移金属のもつd軌道との相互作用が大きな役割を果たしている.図5.3にCO分子のHOMOである5σ軌道(図5.3(a)),最低空軌道(lowest unoccupied molecular orbital: LUMO)である$2\pi^*$軌道(図5.3(b)),Pt原子のd_{z^2}軌道(図5.3(c)),d_{xz}軌道(図5.3(d))を示す.白い領域は波動関数が正の値をもつ領域,黒い領域は波動関数が負の値をもつ領域を示している.CO分子の軌道は5σと$2\pi^*$のいずれもC原子側の振幅が強いことがわかる.このため,CO分子はC原子側がより反応に対して活性であろうと考えられる.実際に,CO分子がPt(111)表面に吸着すると,低被覆率ではCO分子のC原子が表面Pt原子の真上(オントップ・サイトとよぶ)に吸着する.CO分子がPt表面のオントップ・サイトに吸着するとCOの分子軌道がPt表面原子のもつd軌道と相互作用する.分子軌道とd軌道は同じ対称性の軌道同士,すなわち5σ軌道

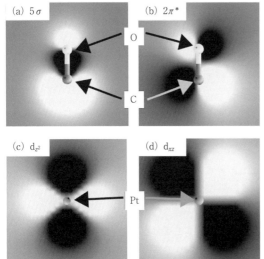

図5.3 (a) CO分子の5σ軌道.
(b) CO分子の$2\pi^*$軌道.
(c) Pt原子のd_{z^2}軌道.
(d) Pt原子のd_{xz}軌道.

は d_{z^2} 軌道と，$2\pi^*$ 軌道は d_{xz} 軌道とそれぞれ相互作用して結合性軌道と反結合性軌道を形成する[3].

結合によって生じるエネルギーを見積もるために，図 5.4 に示すような二原子分子の場合について見てみよう．孤立した原子 A, B の軌道エネルギーをそれぞれ ε_a, ε_b としよう．原子がたがいに近づくと相互作用しはじめ，波動関数の重なりが生じる．そうするとハミルトニアンの行列要素 $V_{ab} = \langle \psi_a | \hat{H} | \psi_b \rangle$ がゼロでなくなってくる．そうすると，エネルギー準位に変化が生じる．2 次摂動論でエネルギーの変化を見積もると，図 5.4 に示すように，低い側のエネルギー準位 ε_a はさらに低く $\varepsilon_a - |V_{ab}|^2/|\varepsilon_a - \varepsilon_b|$ となり，高い側のエネルギー準位 ε_b はさらに高く $\varepsilon_b + |V_{ab}|^2/|\varepsilon_a - \varepsilon_b|$ になる．また，混成によって生じた分子軌道も図 5.4 に模式的に示してある．結合性軌道はエネルギー準位が原子 A に近いので，原子 A の軌道の割合が大きく，原子 B の割合は小さい．逆に反結合性軌道はエネルギー準位が原子 B に近いので，原子 B の割合が大きく，原子 A の割合は小さくなる．

CO の分子軌道と Pt の d 軌道も基本的には同様の軌道混成が生じ，ブライホルダー機構とよばれている．図 5.5 に示すように HOMO である 5σ と d 軌道との相互作用は σ 供与とよばれ，占有されていた 5σ から d 軌道へ部分的に電子移動が生じる．一方，LUMO である $2\pi^*$ と d 軌道との相互作用は π 逆供与とよばれ，d 軌道から空軌道であった $2\pi^*$ へ部分的な電子移動が生じる．これらの電子移動によって CO 分子と遷移金属との間に結合が生じるが，分子内の C—O 結合に関しては反結合軌道である $2\pi^*$ が部分的に占有されるため，弱くなる．

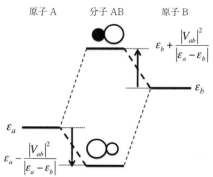

図 5.4 原子 A と原子 B の結合によるエネルギー準位の変化．結合性軌道と反結合性軌道も模式的に示す．

5.2 固体表面・界面での構造と化学反応に関する第一原理電子状態計算

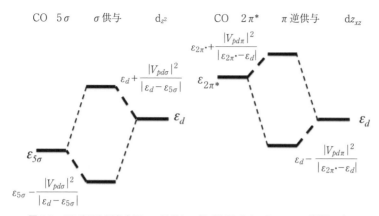

図 5.5 CO 分子と遷移金属の d 軌道との相互作用（ブライホルダー機構）．左図は CO の HOMO である 5σ 軌道と d 軌道との混成を表し，もともと完全に占有されていた 5σ から一部空軌道であった d 軌道へ電子が部分的に移動（σ 供与）．右図は CO の LUMO である 2π* 軌道と d 軌道との混成で，逆に占有されていた d 軌道から空いていた π 軌道へ電子が部分的に移動（π 逆供与）．

さて，CO の吸着機構がわかったところで，Pt 表面と Au 表面の吸着エネルギーの違いを調べることにする．Pt と Au の表面での d 軌道は，複雑なバンド構造を形成しエネルギーは幅をもって分布する．その様子を図 5.6 に示す．この図を見て，まず，Pt, Au 両者とも d 軌道はほぼ占有されていることがわかる．そうすると 5σ 軌道と d 軌道は両者とも占有軌道同士の相互作用のため，反結合性軌道まで占有されてしまい，Pt や Au 表面では σ 供与は CO の吸着エネルギーにほとんど寄与しな

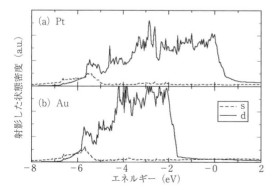

図 5.6 Pt(111) 表面と Au(111) 表面の状態密度．s 軌道と d 軌道に射影した状態密度をそれぞれ破線と実践で示す．エネルギーのゼロはフェルミ準位．

い，むしろ反発的である．一方，$2\pi^*$とd軌道との相互作用では，結合性軌道のみが占有されることになり，安定な結合をつくる．よって，CO分子がPtやAuなど遷移金属周期表の右側にある金属表面上に吸着する場合，π逆供与によるエネルギーの安定化が結合を支配しているといえる．図5.5によると，$V_{pd\pi}$が大きい場合，あるいは，d軌道が$2\pi^*$軌道に近い，すなわち浅いほど相互作用エネルギーによる安定化が大きいことがわかる．$V_{pd\pi}$に関してPtとAuを比較すると，Ptのほうが Auよりも原子核の電荷が一つ少ない分d軌道が広がっており，したがって$V_{pd\pi}$は大きく，結合エネルギーを安定化している．さらに，図5.6からもわかるようにPtのd軌道はAuのd軌道に比較して浅いところに広がっている．このことも結合エネルギーを安定化することに寄与している．Ptからさらに周期表を左に行くとこの傾向はさらに強くなり，吸着エネルギーによる安定化は大きくなっていく．それでは，金がナノクラスターになった場合はなぜ触媒活性が上がるのか．これは，クラスターの辺や頂点にある金は隣接する金原子数，すなわち配位数が少ない．このような金原子のd軌道はバンド幅が狭くなるとともにフェルミ準位に近づいてくる．そのため，Ptと同程度に触媒反応性が出てくると考えられる[4]．

5.2.2 水とPt界面での電気化学反応シミュレーション

前項では電子状態計算により，金属表面やクラスターの局所構造の反応性を支配する要因を明らかにすることができた．これは，新たな触媒を設計するうえで大きな指針となる．一方，複雑な触媒反応はその反応経路自身を明らかにする必要がある．実験的に化学反応過程を調べることは困難な場合が多く，第一原理電子状態計算に期待される役割がきわめて大きい．とくに電気化学反応のように固液界面での化学反応過程を解明することは実験的には非常にチャレンジングな課題であるが，第一原理電子状態計算シミュレーションによって実験に先んじて解明された．図5.7は第一原理分子動力学シミュレーションで，水とPt(111)界面で，水溶液中のヒドロニウムイオンがPt電極から電子を受け取って吸着水素となる過程，いわゆるボルマー過程を示している[5]．電極電位を制御することにより電気化学反応が起こる瞬間を見ることに世界ではじめて成功した例であるといえる．

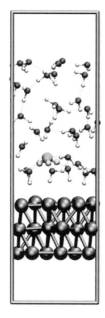

図 5.7 水/Pt(111) 界面での水素発生反応．水溶液中の
ヒドロニウムイオンが Pt 表面に吸着しようとす
るボルマー過程．参考文献 [5] から引用．

5.2.3 Pt/HF/SiC 界面でのエッチング反応シミュレーション

前項では固液界面の反応過程について示したが，固/液/固の 3 種の物質が接する界面での反応は，研磨をはじめとする表面加工の分野で重要であり，また燃料電池電極触媒反応でも重要となってくる．応用上重要な反応過程であるが，実験的に反応過程を解明することは現在のところきわめて困難である．このような系に対しても第一原理電子状態計算によって未知な反応過程にメスが入りつつある．図 5.8 はPt 触媒による SiC 表面の HF 溶液エッチングの初期反応過程を示している[6]．SiC は GaN とともに次世代のパワー・デバイス材料として有望視されている．性能の高いデバイスを作製するには平坦な表面を作製することが不可欠であるが，非常に硬く不活性な半導体であるため，原子レベルで平坦な表面を作製することが困難であった．大阪大学のグループで Pt 触媒を用いて HF 水溶液で SiC 表面を研磨すると原子レベルで平坦な表面が得られることが示され注目されていた．第一原理シミュレーションにより，その反応過程の初期過程が明らかにされた．

図 5.8 に示すようにエッチング反応の初期過程では HF 分子が解離吸着する．その際，表面第 1 層 Si にフッ素イオンが結合して 5 配位 Si となり反応中間体

98   5 第一原理電子状態計算法と分子動力学法

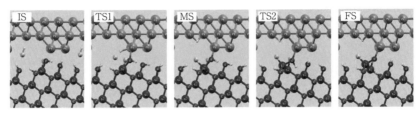

図 5.8 Pt/HF/SiC(001) 界面での HF 分子の解離反応過程. Pt が反応中間体である 5 配位 Si を安定化することにより, 全体の活性化障壁を下げる. 参考文献 [6] から引用.

(metastable state: MS) を形成することがわかった. さらに, この MS の安定性が Pt と SiC の相対的な位置, とくに SiC と Pt との距離に大きく依存することも明らかとなった. 図 5.9 (a) に反応過程のエネルギープロファイルを示す. Pt と SiC の距離によって HF の解離反応の活性化エネルギーが大きく変化することがわかる. 図 5.9 (b) に初期状態 (initial state: IS), MS, および, 終状態 (final state: FS) の相対的な安定性の Pt-SiC 間距離依存性を示す. Pt が近づいてくると IS が不安定化するのに対し, MS と FS が安定化するために活性化障壁が下がる. この安定化は Pt と吸着酸素原子との結合形成によることも明らかとなった.

5.2.4 高温・高圧下での GaN 結晶成長反応シミュレーション

高温・高圧下の反応は応用上きわめて重要であるが, 反応過程を解明することは

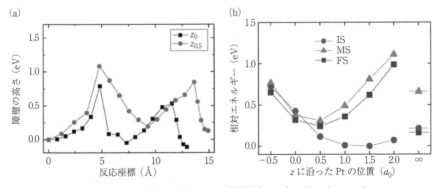

図 5.9 (a) Pt/フッ酸/SiC 界面での HF 解離反応のエネルギープロファイル.
(b) IS, MS, FS の Pt-SiC 距離依存性. 参考文献 [6] から引用.

これも困難である．このような系ではやはり高い信頼性をもち，適用範囲の広い第一原理シミュレーションが大きな役割を担う．GaN は光デバイス材料として重要であるが，より性能の高いデバイスを作製するためには欠陥の少ない結晶を成長させる必要がある．ホモエピタキシャル成長の基板としてバルクの GaN を成長させる有望な方法として Na フラックス法が提案されている．Ga 金属へ N 原子を溶解させて GaN の結晶成長を行う際，純粋な Ga 金属への N 原子の溶解度は非常に低く，1800～2300 K の高温と 1000～1500 MPa の高圧条件が必要になる．しかし，Ga と Na を合金化することにより N 原子の溶解度は劇的に増加し，必要な温度と圧力はそれぞれ 1000～1100 K，3～5 MPa と非常に下げることが可能となる．とくに Na リッチな GaNa 合金において N 原子の溶解度の増加は顕著になる．純粋な Na への N 原子溶解度は純粋な Ga への窒素溶解度と同程度に低いため，Ga と Na の合金化によってはじめて N 原子の溶解度が増加するわけであるが，その微視的な機構は謎であった．

第一原理分子動力学法により 1073 K での Ga-Na 合金液体に N 原子が溶解した状態のシミュレーションを行った結果を図 5.10 に示す[7]．図 5.10 (a) に示すように，Ga リッチな GaNa 合金では Ga 同士の金属的なネットワークが形成され Ga は安定化し，N 原子は Ga と Na の界面に弱く吸着する．それに対して図 5.10 (b) に示すように，Na リッチな GaNa 合金では Ga は小さなクラスターになり，非常に化学的に活性になり，N 原子と強く結合することがわかった．これが Na リッチ GaNa 合金における N 原子の溶解度が劇的に高まる物理的要因である．

もう一つ興味深いこととして，Na フラックス法では，炭素を添加すると単結晶の GaN 成長が劇的に促進されることが報告されている．GaN の炭素添加による単

図 5.10　(a) Ga リッチ GaNa 合金液体への N 原子の溶解．(b) Na リッチ GaNa 合金液体への N 原子の溶解．白色球，淡灰色球，濃灰色球はそれぞれ Ga, Na, N 原子を示す．参考文献 [7] から引用．

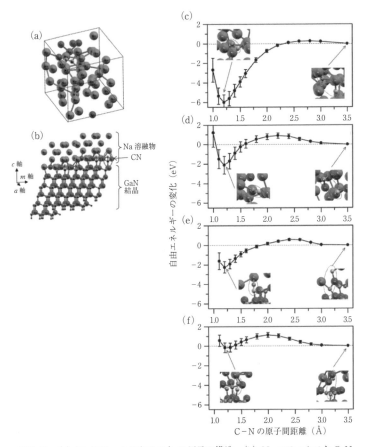

図 5.11 (a) Na フラックス中の C と N 原子の構造．(b) Na フラックスと GaN 単結晶との界面．(c)～(f) C—N 結合の解離自由エネルギープロファイル．(c) Na フラックス中，(d) Ga が存在する Na フラックス中，(e)，(f) GaN 単結晶界面での C—N 結合解離．参考文献 [8] から引用．

結晶成長促進効果について調べた結果も最近報告された[8]．図 5.11 に示すように Na フラックス中では炭素原子は窒素原子と結合して安定な CN イオンを形成することにより微結晶の生成を抑制する一方，GaN 単結晶との界面に達すると C—N 結合は容易に解離して GaN の単結晶の成長を促進することが明らかとなった．

5.3 生体分子の分子シミュレーション

5.3.1 生体分子の分子シミュレーションとは

生体とは分子を構成要素とし，これらが動的に相互作用し合うことで生命現象を生み出す複雑なシステムである．生命の本質に迫るには生体をつくる分子が織りなすシステムを理解する必要がある．その中でタンパク質は，高い触媒能，基質特異性などの優れた機能を発揮し生命活動を担っている．たとえば，光合成光化学系 II（PS II）の Mn クラスターによる水の酸化など，常温・常圧では不可能な反応を可能にする（優れた触媒）．またヘムタンパク質のようにヘムという同じ「3D 活性サイト」をもちながらタンパク質の違いで異なる機能を示す（活性サイトの多機能性）．したがって，タンパク質の機能発現要素の抽出は生命の本質に迫るだけでなく，新規機能性物質の創製につながる．このようにタンパク質は生体中でさまざまなはたらきをするが，タンパク質が機能するメカニズムを考えるときに，どのようなことがわかればよいのだろうか．タンパク質がはたらく際，その機能に適した「かたち」を形成し，機能を発揮するように微妙に，ときには大きく「かたち」を変えている．どのようにして機能を発現しているのかを明らかにするには，「3D 活性サイト」の情報である「かたち」（分子構造・電子状態），および生体分子の「うごき」を理解することが必須となる（図 5.12）．

タンパク質は通常 20 種類の天然アミノ酸からできているため，その化学的組成，

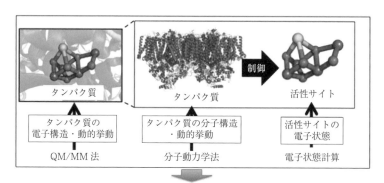

図 5.12　タンパク質の分子シミュレーション．

物理的構造が一様でなく複雑である.さらにはタンパク質を取りまく環境も低分子イオンや糖を含む細胞内外の水溶液であったり,脂質二重膜であったりと非常に複雑である.またタンパク質は柔らかく,時間とともに構造は揺らぎ,小分子との結合状態で構造変化する.このような複雑で動的な物質であるタンパク質の機能発現のメカニズムを理解するためには,タンパク質が機能を発揮するときの姿を知る必要がある.それには分子シミュレーションによるアプローチが有効であり,タンパク質科学研究の一分野として発展している.近年のタンパク質科学の研究で用いられる分子シミュレーション法[9~12]である,電子状態計算(分子軌道法)[9~11],分子動力学(molecular dynamics: MD)法[9,12],QM/MM(quantum mechanics/molecular mechanics)法[12]について説明をする.まずは前節で紹介した分子軌道法をタンパク質の活性サイトに見られるヘムに応用した例を紹介する.続いてMD法,QM/MM法の原理と応用例について説明する.

5.3.2 生体分子の電子状態計算(分子軌道法)

前項で説明した電子状態計算(分子軌道法)の応用例として,ここではヘムの構造ゆがみと電子構造,酸化還元電位との関係を調べた研究を紹介する.ヘムの構造ゆがみと酸化還元電位の関係を調べる際,ヘムの構造ゆがみを定量的にかつ系統的に表す必要がある.そこでヘムの構造ゆがみを振動モードの線形結合で表すnormal-coordinate structural decomposition(NSD)[13]が使われた.振動モードとしては,タンパク質構造データバンク(protein data bank:PDB)に登録されているヘムの構造ゆがみに多く見られる四つの振動モード(①鞍状振動モード,②ひだ状振動モード,③ドーム状振動モード,④呼吸振動モード)が選ばれ,これらのゆがみをもったときの酸化還元電位への影響をPBE0汎関数を用いた密度汎関数計算により調べられた(図5.13).

密度汎関数計算の結果,従来の研究でよく調べられていたポルフィリン面に垂直な面外の振動モード(鞍状振動モード,ひだ状振動モード,ドーム状振動モード)

図5.13 NSDによる構造ゆがみの作製.

5.3 生体分子の分子シミュレーション 103

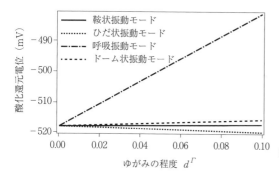

図 5.14 ヘムの構造ゆがみと酸化還元電位の関係.

由来のゆがみよりも新たに調べたポルフィリン面が伸縮するようなポルフィリン面内のモード由来のもの（呼吸振動モード）が酸化還元電位に対してより敏感であることが明らかになった（図 5.14）.

5.3.3 分子動力学法（MD シミュレーション）

タンパク質は本質的に柔らかい分子であり，その機能の多くは構造変化により支配されていることが知られている．そのため，タンパク質の機能を理解するには，静的なスナップショットを解析すればよいのではなく，空間的・時間的な構造変化をとらえる必要がある．このようなタンパク質のダイナミクスへのアプローチとして，MD 法は有効である．

また，MD 法によって，実験では通常観測が難しい構造やダイナミクスの原子レベルでの解析ができる．X 線や NMR による実験では，直接原子の位置を観測するわけではなく，分子の電子密度や原子間の距離情報が得られる．その後，これらの電子密度や距離情報に矛盾しないように原子位置を決定するフィッティングとよばれる作業を行う．その際に，MD 法を用いることがある．ほかにも，タンパク質と小分子の複合体構造，タンパク質の折りたたみなどの予測ができる．

MD 法では，多数の粒子からなる系の運動をニュートンの運動方程式（式 (5.12)）を解くことでコンピュータ上で再現する．

$$m_i \frac{\mathrm{d}^2 \boldsymbol{r}_i}{\mathrm{d} t^2} = \nabla_i U(\boldsymbol{r}_1, \boldsymbol{r}_2, \cdots, \boldsymbol{r}_N) \quad (i = 1, \cdots, N) \tag{5.12}$$

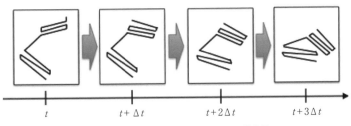

図 5.15 分子動力学シミュレーションの模式図.

ここで,m_i と r_i は粒子 i の質量と位置を,$U(r_1, r_2, \cdots, r_N)$ は系全体のポテンシャルエネルギーを表す.タンパク質の MD シミュレーションでは,粒子はタンパク質やまわりを取りまく溶媒分子・小分子・イオンなどになる.この方程式を差分法により数値的に解いていくことで,あるステップ(時間 t)のスナップショットから次のステップ(時間 $t + \Delta t$)の構造を求める.この作業をくり返すことで系の時間変化を追跡する.その際に得られる構造変化などの時系列をトラジェクトリ(軌跡)とよぶ(図 5.15).タンパク質の MD 法では,ニュートンの運動方程式を差分法を使って解くが,ベルレ法,速度ベルレ法,蛙飛び法がよく使われる.また,タンパク質の MD 法では,ポテンシャルエネルギー U は,複数のエネルギーの項の和で表される.

$$U = U_{\text{bond}} + U_{\text{angle}} + U_{\text{tor}} + U_{\text{im}} + U_{\text{ele}} + U_{\text{vdW}}$$

(5.13)

U_{bond} と U_{angle} は結合および結合角のエネルギーであり,調和ポテンシャルで表す.U_{tor} と U_{im} は,それぞれ二面角,improper torsion のエネルギーである.これらは原子間の結合がかかわるため結合項とよばれる.U_{ele} は静電エネルギーで,電荷をもつ 2 原子間の相互作用を表す.U_{vdW} はファン・デル・ワールスエネルギーで 2 原子間の引力と斥力から生じ,一般的にはレナード-ジョーンズポテンシャルを用

表 5.3 代表的な MD プログラムと URL

プログラム名	URL
AMBER	http://ambermd.org/
CHARMM	http://www.charmm.org/
GROMACS	http://www.gromacs.org/
NAMD	http://www.ks.uiuc.edu/Research/namd/
myPresto	http://www.jbic.or.jp/enterprise/result/001.html

いて表す．このようなポテンシャルエネルギーを与える関数およびその係数を分子力場とよぶ．

代表的なMDのプログラムを表5.3に挙げる．AMBER（assisted model building with energy refinment）はコールマン（P. A. Kollman）らが開発したプログラムで，同グループがつくったAMBER力場とともに最も有名である．また，使いやすいインターフェースも備わっている．CHARMM（chemistry at harvard macromolecular mechanics）はカープラス（M. Karplus）らにより開発され，同グループがつくったCHARMM力場が使用できる．この分子力場は脂質に定評があり，膜タンパク質のMDシミュレーションによく使われる．GROMACS（groningen machine for chemical simulation）は，高度にチューニングされており，高速計算が可能であり，無償で利用できる．NAMDは，シュルテン（K. Shulten）らのプログラムであり，並列性に優れている．myPresto（medicinally yielding protein engineering simulator）は，中村らによって開発された国産のプログラムであり，無償で利用できる．力場としては，AMBER分子力場やCHARMm分子力場が使用できる．

MD法による研究例として，モノアミン酸化酵素Aの神経伝達物質の取り込みの研究を紹介する．モノアミン酸化酵素Aは神経伝達物質のアミノ基をアルデヒド基に酸化することで，中枢神経の制御を行っている．X線結晶構造解析により，その構造は報告されているものの，基質の取り込み経路に関しては明らかになっていなかった．そこで，モノアミン酸化酵素Aの基質取り込みのメカニズムを明らかにするためMDシミュレーションによって調べられた．その結果，膜にささってい

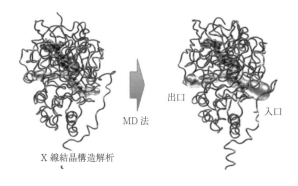

図5.16 MD法で見つかった基質取り込み経路．

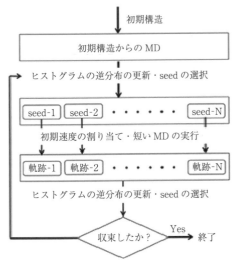

図 5.17 TBSA のアルゴリズム.

る α-ヘリックスを軸としたドメインの運動が起こることで,基質の出入り口が現れることが明らかとなった[14](図 5.16).

現在では,サイズとしては数百万原子〜数千万原子からなる系の,また時間としては数百 ns 〜数 ms の MD シミュレーションが可能となっている.しかし,ミリ秒から秒の時間スケールで観測されるタンパク質の構造変化は,通常の MD 法で追跡不可能である.そのようなレアイベントを効率よく探索するために原田らは (1) 構造変化を誘起する可能性が高い初期構造選択と,(2) 短時間 MD による初期構造の構造リサンプリング過程からなる効率的構造サンプリング手法を提案した(図 5.17).この手法では構造変化を誘起しやすい初期構造の高速かつ適切な選択が鍵となる.そこで初期構造の選択方法として Taboo Search (TBSA) アルゴリズムを開発した[15].TBSA アルゴリズムでは,まず短時間 MD シミュレーションからのトラジェクトリ(軌跡)をある反応座標に射影することで得られたヒストグラムの逆分布を作製する.逆分布に基づき,分布における出現頻度が低い状態(seed)を選択することで構造遷移を加速させる.これらの手法をシニョリン(chignolin (10 残基))をはじめとする小タンパク質の折りたたみに適用したところ,通常の MD 法と比べ,非常に効率的に折りたたみ経路を抽出できた.

5.3.4 量子力学・分子力学並列連成シミュレーション（QM/MM シミュレーション）

タンパク質などの生体高分子は，巨大かつヘテロな分子であり，また構造が時間とともに揺らぐ動的な系である．その機能発現には活性サイトなどの局所部位の電子状態が重要な寄与をする．しかしながら，シュレーディンガー方程式を解くのに膨大な計算量が必要になることから，タンパク質のような巨大分子にそのまま適用するのはほぼ不可能である．そこで，電子の振舞いが重要なところ（酵素反応・電子移動が起きるところ）だけに量子力学を用い，活性中心を取り囲むタンパク質の「かたち」の変化・ダイナミクスは古典力学を用いる QM/MM 法を使った研究が現在主流である．

QM/MM 法では，系を量子力学（QM 法）で取り扱う QM 領域と古典力学（MM 法）で取り扱う MM 領域に分割する．QM 法と MM 法に適用する計算手法に対して制限はない．QM 法では HF 法，DFT 法，MP2 法などが，MM 法では，AMBER 力場や CHARMM 力場などが使われる．また QM/MM 法において，QM 領域と MM 領域に化学結合が存在する場合，QM 空間を切断することで不対電子対が発生し，QM 領域の分子軌道に悪い影響が与えられるため，エネルギーや力の計算に異常が生じることがある．そのような QM/MM 境界問題を克服する代表的な方法として，リンク原子法がある．リンク原子法では，QM 領域の原子価を満たすようにリンク原子（通常は水素原子）を付加し，QM 領域はリンク原子を含めて計算をする．

QM/MM 法の応用例として，PSⅡの Mn クラスタの電子構造に関する研究を紹介する．光合成は光エネルギーを化学エネルギーに変換するシステムであり，PSⅡでは水を分解して，酸素を発生させる反応（コック（Kok）サイクル）を行っている（図 5.18）．2011 年に原子分解能（1.9 Å）の X 線構造解析[16]がなされ，はじめて活性中心構造とそのまわりの水分子の立体的配置が明らかとなった．酸素発生複合体（oxygen evolving complex: OEC）の活性中心はゆがんだ椅子型構造になっている $CaMn_4O_5$ クラスタである．しかしながら，これは反応中間体の一つ（S_1 状態）であり，ほかの中間体（S_0, $S_2 \sim S_4$ 状態）は明らかにされていない．さらに，S_1 状態もプロトン化状態，酸化状態やスピン状態に関しては同定されていない．

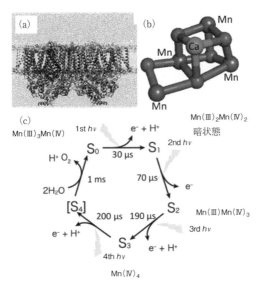

図 5.18 PS II (a), 水分解サイト (b), コックサイクル (c).

そこで QM/MM 計算により構造最適化を行い,タンパク質の静電相互作用を考慮に入れた中間体の構造同定および Mn の酸化状態などの電子状態を決定した[17]. QM 領域として,Mn クラスターまわり 382 原子を QM 法で,PS II のほかの部分を MM 法で取り扱った QM/MM 計算により,S_0 状態,S_1 状態,S_2 状態の安定構造,最適のプロトン化状態および最安定の酸化状態(S_0 状態:Mn^{III},Mn^{IV},Mn^{III},Mn^{III},S_1 状態:Mn^{III},Mn^{IV},Mn^{IV},Mn^{III},S_2 状態:Mn^{III},Mn^{IV},Mn^{IV},Mn^{IV})が決定された.これらは X 線結晶構造解析[16]をもとにしているため放射線ダメージの影響が問題となっていたが,ごく最近,X 線自由電子レーザ(X-ray free electron laser: XFEL)を用いたダメージレスの構造[18]から,その酸化数が S_1 状態で Mn^{III},Mn^{IV},Mn^{IV},Mn^{III} と報告され,理論計算と一致する結果となった.

参考文献

[1] R. M. マーチン著,寺倉清之,寺倉郁子,善甫康成訳:『物質の電子状態(上)』(丸善出版,2010);R. M. マーチン著,寺倉清之,寺倉郁子訳:『物質の電子状態(下)』(丸善出版,2012).

［ 2 ］ CMD ワークショップ：http://phoenix.mp.es.osaka-u.ac.jp/CMD/
［ 3 ］ B. Hammer, Y. Morikawa, and J. K. Nørskov: Phys. Rev. Lett. **76**（1996）2141.
［ 4 ］ K. Okazaki, *et al.*: Phys. Rev. B **69**（2004）235404.
［ 5 ］ M. Otani, *et al.*: J. Phys. Soc. Jpn. **77**（2007）024802.
［ 6 ］ P. V. Bui, *et al.*: Appl. Phys. Lett. **107**（2015）201601.
［ 7 ］ M. Kawahara, *et al.*: J. Appl. Phys. **101**（2007）066106.
［ 8 ］ T. Kawamura, *et al.*: App. Phys. Express **9**（2016）015601.
［ 9 ］ 神谷成敏ほか：『タンパク質計算科学　基礎と創薬への応用』（共立出版，2009）．
［10］ 増田秀樹，福住俊一編：『錯体化学会選書 1　生物無機化学―金属元素と生命の関わり―』（三共出版，2005）．
［11］ 山口　兆，榊　茂好，増田秀樹編：『錯体化学会選書 10　金属錯体の量子・計算化学』（三共出版，2014）．
［12］ 岡崎　進，吉井範行：『コンピュータ・シミュレーションの基礎 第 2 版』（化学同人，2011）．
［13］ R. Apostolov, *et al.*: Biochemistry **48**（2009）5864.
［14］ R. Harada, Y. Takano, and Y. Shigeta: J. Comput. Chem. **36**（2015）763.
［15］ W. Jentzen, X.-Z. Song, and J. A. Shelnutt: J. Phys. Chem. B **101**（1997）1684.
［16］ Y. Umena, *et al.*: Nature **473**（2011）55.
［17］ M. Shoji, *et al.*: Catal. Sci. Technol. **3**（2013）1831.
［18］ M. Suga, *et al.*: Nature **517**（2015）99.

6

電気伝導理論

本章では電気伝導理論について，とくに有機半導体を流れる電気伝導の解析について述べる．有機半導体とは強い共有結合で結ばれた構成分子がたがいに弱いファン・デル・ワールス結合で凝集した結晶で，その柔らかくて分子が変位する結晶中を移動する電子や正孔のキャリア輸送には，有機半導体に特有な欠陥，揺らぎ，基板との界面などでの散乱の解明や制御が不可欠である．本章ではそれらの活性サイトの理解に向け，第一原理計算法に基づく手法によって解析した例を紹介する．

6.1 はじめに：半導体素子における電気伝導理論とその課題

トランジスタに代表される半導体素子はさまざまな電子機器に用いられ，現代の情報化社会を支える基幹技術である．その歴史はシリコンに代表される硬い無機物を微細化により集積化することにより発展してきた．一方，その微細化と集積化が限界に近づきつつあり，別の半導体材料を用いた半導体素子の研究が盛んになっている．たとえば，炭素でできた特殊素材のカーボンナノチューブやグラフェンを用いてつくる超高速トランジスタ，磁性半導体とよばれる磁性材料を用いてつくられる低消費電力トランジスタ，また本章の主題の有機半導体とよばれる有機物を用いてつくられる柔らかいトランジスタなどが新たな電子素子として注目されている．

これらの素子開発と応用のためにはトランジスタ内を流れる電子や正孔といったキャリアや，スピン，熱流などの伝導シミュレーション研究が不可欠である．その

中心課題である電気伝導シミュレーションについての解析法を見てみよう．従来広く用いられてきた計算手法は，電子の密度分布を仮定して電子同士の衝突を確率論に基づき取り入れるボルツマン方程式法である．しかしこの計算法が，素子のサイズが原子レベルに近づいている現在の微細な領域でどこまで成り立つのかはよくわかっていない．

一方，素子性能に大きな影響を与える半導体の表面や界面では，素子を形成するプロセス技術がすでに原子レベルで制御がなされており，その構造の理論解析は原子間の化学結合と電子密度分布を正確に量子力学に基づいて取り扱う第一原理計算法という巨大計算に基づく計算法が大きな成功を収めている．そこではバンドという電子状態の一群が得られ，そのバンド構造によって金属・半導体・絶縁体の区別がなされ，さらに微細な表面や界面が与える効果までもがバンド構造への影響からわかるのである．そこで，これらの静的な電子状態計算をもとにしてさらに動的な電気伝導のシミュレーションにおいても，電子密度を原子間の化学結合から正確に求めるという第一原理計算法の構築が発展してきている[1~3]．この計算手法を用いると従来のシリコン材料のみならず，有機物や分子材料，そのほかさまざまな新規材料を用いてつくられる素子構造の電気伝導特性を取り扱うことができる．さらに原子レベルに近いナノ領域で顕著となる離散準位・トンネル効果・スピンといった新たな量子効果や正確な電子同士の衝突の計算の解析も可能となる．

この新たな電気伝導計算法を構築するうえで困難な点を述べよう．先に述べた半導体の表面や界面の電子密度分布を正確に扱う従来の静的な第一原理計算では，その電子状態は単位胞とよばれる周期構造に基づいて定在波として計算される．一方，電気伝導などキャリアが移動する動的な現象ではその電子状態は散乱波とよばれる状態となっている．電場や温度差などにより散乱波は移動して素子内での不純物や格子振動と衝突をくり返し，これが抵抗となって素子特性が決定されていく．困難な点は定在波を散乱波に変換して，その衝突過程を計算していく点にある．ボルツマン方程式法ではこれらの散乱過程の影響を電子の波の性質などは考慮せずに確率的に求めるが，第一原理計算法では量子力学に基づきこれらの散乱波の電子状態を精度よく求めていくことになる．この作業は多大な計算量を要し，また計算安定性を確保する必要があることなど計算物理学の分野で挑戦的な問題となっている．

次に，電気伝導性が素子の微細化に伴ってどのように変わっていくか述べよう．

6.1 はじめに：半導体素子における電気伝導理論とその課題

素子がある程度大きい場合，電子は不純物や格子振動と，あるいは電子同士で何度も散乱をくり返し，これが抵抗となる．このような領域は拡散伝導領域とよばれている．しかし，素子が非常に微細になるとこれらの散乱はまれになり，さらに電子の波としての性質を顕在化させて衝突をすり抜けるようになる．電子は素子構造の端で散乱され，抵抗は素子形状のみに依存する．このような領域は弾道伝導領域とよばれている．半導体素子は動作中に多大な熱を放出する．また光を発する素子もつくられる．熱や光の放出という現象は電子がさまざまな散乱をくり返す過程でエネルギーの放出として現れるのであるが，この現象が素子のどのプロセスでどのような機構によってなされるのかを正確に理解することはきわめて難しい．先のボルツマン方程式法では確率的に取り込むのであるが，これらの現象を量子的に求めていくという問題も第一原理計算に求められる重要な課題である．

結晶構造が変形する有機物を用いた半導体素子についてその伝導性の概要を述べよう．このような柔らかい材料での電子や正孔といったキャリアの移動は上記の固い結晶構造における伝導と共通な点と異なる点がある．共通な点は，結晶構造が綺麗であればキャリアは波の性質をもち不純物や格子振動による散乱が素子特性を決めるということである．一方異なる点は，柔らかい構造を反映して結晶構造が大きく変形した場合，キャリアは波として移動することができず粒子として確率的に飛び移ることになる．いわば古典的性質に近づくのである．この点は素子特性の温度依存性に顕著に現れる．波の性質をもっているときは温度の上昇とともに格子振動が活発になり，散乱の頻度が増すため，伝導度は小さくなる．これはシリコン材料など硬い材料でも共通に見られる現象で，バンド伝導とよばれる．一方，粒子の性質をもっているときは温度の上昇とともに粒子が熱エネルギーをもらって移動するため，伝導度は大きくなる．これは，従来の伝導度がきわめて小さい有機物に見られる現象で，熱活性型のホッピング伝導とよばれる．最近の有機半導体では単結晶化により結晶性がきわめてよくなり，個々の構成分子の性質と結晶の周期構造による固体的性質との共存競合により，キャリアの分子間移動がホッピング伝導とバンド伝導の両特徴を備えた特性が現れている．

以上，現在さまざまな半導体材料を用いて電子素子が構成されているが，その電気伝導特性は個々の材料やその大きさ，構造によってさまざまに変わることを見てきた．また，電気伝導の解析法は素子が原子レベルに近づくにつれ，従来のボルツ

マン方程式法から第一原理計算に基づく計算手法が不可欠になることを述べた．本章の以下の節では，半導体素子の中で最近注目されている単結晶の有機半導体材料を用いて構築される素子の電気伝導現象を述べる．

6.2 有機半導体

　有機半導体素子とは，半導体の性質をもつ有機物を用いて作製される電子素子のことである．有機半導体の特徴は柔らかく軽量であることで，これにより従来の電子素子ではできなかった曲がるディスプレイや人体に装着できる素子などが実現しつつある．有機半導体は強い共有結合で結ばれた個々の構成分子が弱いファン・デル・ワールス結合で凝集した結晶である．従来はこの凝縮がばらばらで伝導特性はほとんどなかったが，近年単結晶化に成功して伝導機能の性能が著しく向上している．さらに，従来の無機物のシリコン結晶では高温溶解プロセスにより結晶化を行ってきたのとは対照的に，有機半導体では常温付近での塗布型プロセスでの製造が可能となり，その低コスト化により次世代電子デバイス材料として強く期待されている．代表的な高移動度を誇る単結晶有機半導体の例としてはペンタセンやルブレンが挙げられ，それらの材料を用いた有機半導体トランジスタが開発されている（図 6.1）．

　現在そのキャリア伝導のメカニズムの解明と新規分子合成による高移動度の伝導特性を示す材料開発が期待されている[4,5]．有機半導体のキャリア伝導特性の解析とその制御のためには，個々の構成分子の性質とそれが凝集した固体での性質に加え，有機半導体に特有な欠陥・乱れ・熱揺らぎ・基板や電極界面などでの散乱機構の解明や制御が不可欠になっている．このため，理論と実験との共同での原子レベルでの詳細な原子構造解析とさまざまな散乱機構を取り入れたキャリア伝導解析を行うことが重要である．

6.3 有機半導体の結晶構造計算

　原子レベルで伝導機構を解明するためには物質の結晶構造を正確に把握する必要があるが，密度汎関数理論に基づく第一原理電子状態計算がその第一歩となる．シ

6.3 有機半導体の結晶構造計算

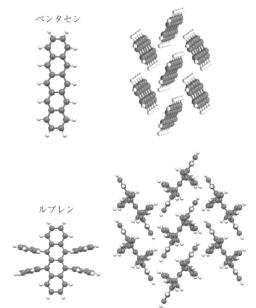

ペンタセン

ルブレン

図 6.1 代表的な有機半導体としてペンタセン（上図），ルブレン（下図）とその結晶構造（右図）．

リコンに代表される無機材料の半導体は原子間の結合が強い共有結合などで構成されているが，これらの結晶構造は通常 1 ％以内の精度で求められることが可能である．一方，構成分子が弱いファン・デル・ワールス相互作用により周期的に凝縮した有機半導体の結晶構造を求めるためにはこの弱い結合を高精度に評価する必要があり，高精度での計算は容易ではなかった．

最近，ファン・デル・ワールス密度汎関数法（van der Waals-Density Functional: vdW-DF)[6]や分散力補正密度汎関数法（dispersion-corrected density functional theory: DFT-D)[7]といった計算法が開発され，第一原理電子状態計算によってファン・デル・ワールス力による弱い結合を評価する方法論が発展し，有機半導体の高精度な結晶構造計算が現実的な計算時間で遂行可能となってきた．分散力補正法では原子間距離 r の 6 乗や 8 乗に反比例する力の係数を改良することにより，また vdW 密度汎関数法では vdw-DF2[8]や rev-veW-DF2[9]など，汎関数の改良による高精度化が進められている．表 6.1 にルブレン結晶の格子定数をさまざまな新規計算法によって計算した結果の比較を示す．実験との比較により，現在では無機物

表 6.1 計算および実験によるルブレン結晶の格子定数と凝集エネルギー (参考文献 [9]).

	a (Å)	b (Å)	c (Å)	E_b (eV/mol)
PBE	27.989	7.804	16.585	0.234
vdW-DF2	26.969	7.167	14.523	2.319
rev-vdW-DF2	26.828	7.134	14.04	2.18
Expt	26.789	7.17	14.211	

一般化勾配近似を用いた密度汎関数計算 (PBE), ファン・デル・ワールス密度汎関数 Ver2 (vdW-DF2), その改良型 (rev-vdW-DF2), および 100 K における実験値 (Expt).

での計算精度に迫る結晶構造計算が可能になりつつあることがわかる.

6.4 有機半導体の伝導理論

有機半導体は構成分子やその結晶性によりさまざまな輸送特性を示す. 図 6.2 はいくつかのサンプルにおける移動度の温度依存性である. ここで移動度とは, 電圧をかけてキャリアが移動する度合いを示す量で, 伝導度の指標である. 先にも述べたように, 左図の低移動度領域では温度上昇により移動度が指数関数的に増加する熱活性型のホッピング伝導が見られる. また一方で, 中央図や右図に見られる最近の高移動度有機半導体においては, 高温で格子振動による散乱により移動度が減少するバンド伝導の特徴が観測されている.

まず低移動度での熱活性型の伝導モデルを考えよう. キャリアは個々の構成分子に局在した粒子的な性質をもっていると考えられ, 熱エネルギーを格子からもらって移動する. したがって, 温度上昇とともに伝導度が大きくなる. 有機半導体では

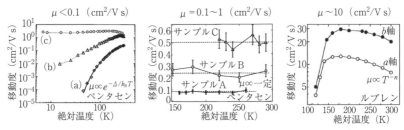

図 6.2 有機半導体の移動度 μ の温度依存性. 低移動度熱活性型 $\mu \propto e^{-\Delta/k_B T}$ (左図: 参考文献 [10] より引用). 一定 (中央図: 参考文献 [11] より引用). べき乗 $\mu \propto T^{-n}$ (右図: 参考文献 [12] より引用).

構成分子に局在したキャリアが移動する際，波と異なり遅いためその移動には格子ひずみを伴うと考えられる．このような格子のひずみを伴う移動は有効質量が増した準粒子ポーラロンの移動として知られ，構成分子間を伝導するポーラロンのホッピングモデルで記述される．粒子が確率的に移動する理論はマーカス理論としてよく知られており，その理論を用いると分子間のキャリア移動確率 W_j は分子間の飛び移りエネルギー γ_j と再配向エネルギー λ を用いて

$$W_j = \frac{\gamma_j^2}{\hbar}\sqrt{\frac{\pi}{\lambda k_\mathrm{B} T}}\exp\left(-\frac{\lambda}{4k_\mathrm{B} T}\right) \tag{6.1}$$

と表される．一方，拡散係数 D は，

$$D \approx \sum_j \Delta R_j^2 W_j P_j, \quad P_j = \frac{W_j}{\sum_k W_k} \tag{6.2}$$

と表され，ホッピングによる移動度 μ は移動度に関するアインシュタインの関係式より

$$\mu = \frac{e}{k_\mathrm{B} T} D \propto \exp\left(-\frac{\lambda}{k_\mathrm{B} T}\right) \tag{6.3}$$

となる．

次に高移動度での伝導モデルを考えよう．最近の単結晶有機半導体は不規則性や結晶粒界が排除された結果，太陽電池などで用いられるアモルファスシリコンとよばれる無機材料系を凌駕するほど高移動度で，またその温度依存性もホッピング伝導に特有な熱活性型とは異なり，無機半導体で見られるバンド伝導に似た温度依存性が観測されている[11,12]．バンド伝導においては移動度 μ は，有効質量 m^* と緩和時間 τ を用いて

$$\mu = \frac{e\tau}{m^*} \tag{6.4}$$

と表される．温度が上昇すると散乱の頻度が増大するため，キャリアが緩和する時間は短くなる．バンド伝導においては移動度が緩和時間に比例するため，温度上昇に対して移動度は低下する．

ところで，電子スピン共鳴スペクトル測定の実験によるとキャリアは10分子程度の領域に広がっていることが明らかになっている[13]．これは構成分子に局在していると仮定するマーカス理論の適用範囲を超えているとともに，結晶全体に波と

して広がっていると仮定する単純なバンド伝導描像も不十分であることを示している．応用上重要な高性能な高移動度有機半導体材料における伝導解析は，結晶構造に加えてポーラロンの生成，分子振動の熱揺らぎなどのさまざまな散乱要因を考慮する必要があることが議論されている．柔らかい半導体結晶中を移動するキャリアに対する散乱過程で，外的要因を付加的に見なす摂動論を超えて解析することが望まれている．

これらの効果を統一的に取り込んだ解析手法として，キャリア波束の時間発展計算から伝導特性を求める時間依存波束拡散伝導 (time-dependent wave-packet diffusion: TD-WPD) 法[14, 15]について述べよう．この方法ではキャリアの運動を波の塊（波束）として数値的に計算する．さまざまな波長をもつ波を塊にすることで粒子的性質を表すことが可能となり，バンド伝導としての波の性質とホッピング伝導としての粒子の性質を統一的に解析することができる．電気伝導の一般論として知られる線形応答に基づく久保公式を用いて得られる移動度 μ

$$\mu = \lim_{t\to+\infty} \frac{q}{n} \int_{-\infty}^{+\infty} \mathrm{d}E \left(-\frac{\mathrm{d}f}{\mathrm{d}E}\right) \times \left\langle \frac{\delta(E-\hat{H}_\mathrm{e})}{\Omega} \frac{\{\hat{z}(t)-\hat{z}(0)\}^2}{t} \right\rangle \quad (6.5)$$

に対して，キャリア波束の時間に依存した運動座標 $\hat{z}(t)$ を計算していく．数学的には，量子力学に基づくハミルトニアン $\hat{H}_\mathrm{e}$ のもとで時間発展演算子 $\exp(i\hat{H}_\mathrm{e}(t)\Delta t/\hbar)$ をチェビシェフ（Chebyshev）多項式に展開することで高速計算を行う．有機半導体への応用に際し，まず密度汎関数理論に基づく第一原理計算の枠組みにより，個々の有機材料における有効質量や構成分子間の飛び移りエネルギー，再配向エネルギーなどを計算する．次に時々刻々と変化する柔らかい有機半導体における分子運動を記述する分子動力学計算とを連立させて，周期系を仮定せずにキャリアの波束の時間発展計算を行う．

これにより原子座標変位を考慮した荷電キャリアに伴う格子ひずみを伴う電子格子散乱やポーラロン生成，また分子振動の熱揺らぎの効果を取り入れたキャリアの緩和時間・平均自由行程・移動度などが計算される．また結晶構造の乱れを表す不純物散乱やトラップポテンシャルなどのさまざまな散乱を考慮したキャリア輸送機構の解析も行うことができる（図6.3）．これにより，有機半導体の伝導特性におけるバンド伝導型からホッピング伝導型への変化，ホルシュタイン型やパイエルス型などさまざまな形態として現れるポーラロン結晶ひずみを伴った電子格子相互作用

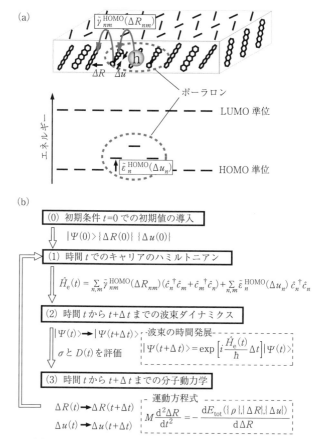

図 6.3 (a) 有機半導体のキャリア伝導のモデル．キャリアの移動とともにポーラロンを形成して格子ひずみを伴いながら伝導する．(b) 動的ポーラロン効果を取り入れた時間依存拡散伝導法のフローチャート．

効果の解析が可能となる．

最後に，この計算法による移動度の解析を図 6.4 に示す．ここでは実験で必ず存在する不純物や構造の乱れ，トラップポテンシャルなどの大きさの指標を簡略的にキャリアの分子内で占める最高占有軌道 (highest occupied molecular orbital: HOMO) のエネルギー準位の乱れ W として取り入れた．乱れが大きく W が大きい場合，キャリアは低移動度となり同時にホッピング伝導に特徴的な熱活性型の温度依存性が得られる．一方，乱れが少なく W が小さな場合，移動度が大きくなりその

6 電気伝導理論

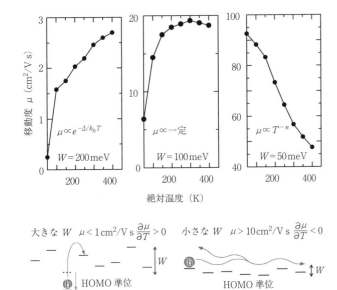

図 6.4 時間依存波束拡散伝導法による有機半導体の移動度計算とその温度依存性．低移動度ではホッピング伝導の輸送特性を，高移動度ではバンド伝導の輸送特性を示す（参考文献 [14] より引用）．

際にはバンド伝導的な移動度の特徴が現れることがわかる．このキャリア波束の時間発展計算から伝導特性を求める時間依存波束拡散伝導法を用いると，従来個別に解析されてきたホッピング伝導とバンド伝導を統一的に解析することが可能となり，不純物などの外的要因を詳細に取り込むことで，高移動度を誇る有機半導体のキャリア伝導の詳細な解析が行える．今後，この計算手法を用いて新規の高性能有機半導体の素子開発が発展することが望まれる．

6.5 おわりに

本章では，半導体素子における電気伝導理論の概略，とくに第一原理計算に基づく電気伝導計算法と課題について解説した．また，最近発展が目覚ましい高移動度な単結晶有機半導体に対するキャリア伝導理論について紹介した．原子レベルからの構造計算や輸送理論の最近の発展とともに実験での測定方法による構造解析との

連携により，ミクロな理論に基づいた優れた電気伝導特性をもつ材料開発と機能制御が今後いっそう進むことが期待される．

参考文献

[1] 塚田　捷ほか：日本物理学会誌 59（2004）452.
[2] 広瀬賢二，石井宏幸，小林伸彦：J. Vac. Soc. Jpn. 54（2011）7.
[3] K. Hirose and N. Kobayashi: *Quantum Transport Calculations for Nanosystems*（Pan Stanford, 2014）.
[4] 竹谷純一：日本結晶成長学会誌 35（2008）262.
[5] T. Hasegawa and J. Takeya: Sci. Technol. Adv. Mater. 10（2009）024314.
[6] M. Dion, *et al*.: Phys. Rev. Lett. 92（2004）246401.
[7] S. Grimme: J. Comput. Chem. 25（2004）1463.
[8] K. Lee, *et al*.: Phys. Rev. B 82（2010）081101(R).
[9] I. Hamada: Phys. Rev. B 89（2014）121103
[10] S. F. Nelson, *et al*.: Appl. Phys. Lett. 72（1998）1854.
[11] J. Takeya, *et al*.: J. Appl. Phys. 94（2003）5800.
[12] V. Podzorov, *et al*.: Phys. Rev. Lett. 93（2004）086602.
[13] K. Marumoto, *et al*.: Phys. Rev. Lett. 97（2006）256603.
[14] H. Ishii, *et al*.: Phys. Rev. B 85（2012）245206.
[15] H. Ishii, N. Kobayashi, and K. Hirose: Phys. Rev. B 88（2013）205208.

7

無機材料

　無機材料は非常に多くの材料があるが，本章では電子材料や磁性材料を中心に述べる．無機材料は複数の分野にまたがる研究分野で，無機化学[1]や固体化学[2~5]，固体物理[6,7]やデバイス物理[8,9]，そして薄膜成長[10]などの試料作製などの知識が役立つ．材料の構造と機能は密接にかかわっており，これからも重要な研究課題である．

7.1 無機材料とは

7.1.1 無機材料の種類

a. 金属，半導体，絶縁体

　電子材料を主とする無機材料は，バンド構造で分類することができる（図7.1）[6,7]．金属の場合は，エネルギーバンドにおいてフェルミ準位まで電子が占有しており，それより高いエネルギーでは電子が空（非占有）である．半導体の場合は，低エネルギー側の価電子帯を電子が占有しており，高エネルギー側の伝導帯では電子は非占有である．価電子帯と伝導帯の間は電子の（非）占有状態がないバンドギャップとよばれる領域である．このようなバンド構造が，材料の電気的な性質を支配している．

　金属の高い電気伝導性や金属光沢といった性質は，フェルミ準位にある電子（いわゆる自由電子）が金属の中を自由に動くことができることに起因している．これ

124   7 無機材料

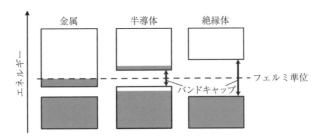

図7.1 金属（左），半導体（中），絶縁体（右）のバンド構造．

はフェルミ準位にある電子は非占有の状態にすぐ移ることができることに起因している．外部から電場がかかると，荷電粒子である電子は電場に従って動き，電流が流れる．また，光が当たると，光のもつ交流電場によって電子が振動し，光を放出することになる（図7.2左）．

一方，半導体では，価電子帯全体を電子が占有していて伝導帯との間にバンドギャップがあるため，価電子帯の電子は自由に動くことができない．バンドギャップの大きさ以上のエネルギーが価電子帯にある電子に与えられると，電子は伝導帯に励起され，電気伝導性をもつようになる．たとえば，バンドギャップが小さい場合は，熱的に電子が励起される．また，光を照射すると，光のエネルギーがバンドギャップより小さい場合，価電子帯の電子は伝導帯に励起されるのに必要なエネルギーを得られないため，光は電子に吸収されない．すなわち，光は透過する（図7.2右）．しかし，光のエネルギーがバンドギャップより大きい場合，価電子帯の電子は伝導帯に励起される．すなわち，光は半導体に吸収される．バンドギャップがより大きい場合，価電子帯の電子を伝導帯に励起するのが困難になる．そのような場

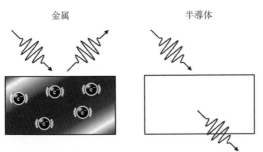

図7.2 金属（左）と半導体（右）の光に対する応答．

合,電気伝導性も著しく小さく,絶縁体とよばれる.

b. 化合物による分類

バンド構造による材料の分類例を示したが,化合物による分類も可能である.たとえば,金属・合金,ホウ化物,炭化物,窒化物,酸化物,フッ化物などである.金属・合金では原子間の化学結合は金属結合であり,最密充填構造の立方晶や六方晶などの単純な結晶構造をとることが多い.ほかの化合物では原子間の結合は共有結合やイオン結合などいろいろなケースがあり,さまざまな結晶構造をとる.ただし,同じ化合物で構成元素数が同じだと類似した結晶構造をもつことがある.たとえば,酸化物の場合,ABO_3(A:アルカリ金属やアルカリ土類金属,B:遷移金属)という物質が多数の元素 A と元素 B の組み合わせで存在するが,その多くがペロブスカイト構造をとる(図7.3).同じ結晶構造をとると,似たようなバンド構造をとるため,同じような性質を示すことが多い[5].

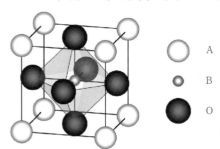

図7.3 遷移金属酸化物 ABO_3 の結晶構造(参考文献[11]より引用).

7.1.2 無機材料の物性

a. 電気伝導性

電気伝導性の高さを示す指標には電気伝導率 σ が用いられる.σ は以下のように表すことができる[6,7].

$$\sigma = ne\mu$$

ここで,n は単位体積あたりの電子の数,e は電子の素電荷である.μ は電子の移動度という単位の電場あたりの電子の速度で,電子の動きやすさを示す.よく用いられる電気抵抗率 ρ は電気伝導率の逆数である.

金属の場合,温度を低くしていくと,格子振動とよばれる結晶中の原子の振動に

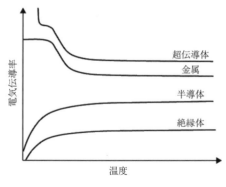

図7.4 金属, 半導体, 絶縁体, 超伝導体の電気伝導率の温度依存性. 図の縮尺は正確ではない.

よる電子の散乱が抑制されていき, 電気伝導性が高くなる. したがって, 温度の減少に伴い, 広い温度範囲で電気伝導率は単調に増加する (図7.4). 半導体の場合, 電気伝導に寄与する熱的に励起された電子の数は金属に比べはるかに小さい. 温度の減少に伴い, 熱的に励起される電子の数が減っていくため, 電気伝導率は減少する. 絶縁体の場合は, 半導体に比べ, より小さい電気伝導率を示す (図7.4). 金属の場合, 電気伝導率が大きいが, 単位体積あたりの電子の数も移動度も原則として物質定数である. 一方, 半導体の場合, 電界効果やドーピングを用いることで, 電子数を大きく変えることができる. すなわち, 電気伝導性を制御できる. その性質が, 現在のエレクトロニクスの基盤である半導体デバイスとして活用されている.

b. 超 伝 導

金属ではどれほど低い温度でも有限の電気抵抗を示す. しかし, ある種の金属は低温でゼロ抵抗を示す (図7.4). ある温度になると, 超伝導状態へと相転移を起こし, ゼロ抵抗になるのである. 超伝導状態になっている金属を超伝導体とよぶ. 通常の常伝導状態では, 金属の中を個々の電子が自由に流れるという描像である. 一方, 超伝導状態では, 電子対 (クーパー対) が形成される (図7.5). 電子はフェルミ粒子であるため, パウリの排他律により同一の量子状態をもつ電子はないが, 電子対はボーズ粒子となるため, 凝縮状態を形成する. その結果, ゼロ抵抗や磁束を超伝導体中から排除する完全反磁性 (マイスナー効果), そして電子対が巨視的な量子力学的位相をもつことによる量子力学的干渉現象 (たとえば, ジョセフソントンネリング (Josephson tunneling)) といった興味深い現象が生じる[12].

7.1 無機材料とは　127

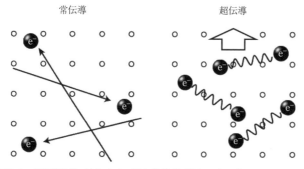

図7.5　常伝導状態（左）および超伝導状態（右）の金属内の電子の流れ．

　超伝導現象自体が基礎科学としても興味深いが，ゼロ抵抗現象は電流の散逸がないため，電力貯蔵や強磁場発生に活用することができる．解決すべき課題は，低温でしか超伝導現象が発現しないことである．そのため，より高温で超伝導を示す物質の探索が続けられている．

c. 磁　　性

　上述の電気的性質以外に磁気的な性質，磁性も興味深い．電子のもつスピンが磁性の源であり，スピンとスピンの間の交換相互作用によりさまざまな種類の磁性が生じる．不対電子をもたない元素・イオンからなる物質では，スピンがないため弱い反磁性しか生じない．たとえば，Al_2O_3 はアルミニウムイオンも酸素イオンも閉殻の電子配置をもつため，反磁性を示す．不対電子をもつ元素・イオンからなる物質は，スピン間の交換相互作用がない場合は，常磁性を示す．スピン間の交換相互作用がある場合，スピンが平行になる場合と反平行になる場合がある．前者は強磁性，後者は反強磁性に対応する．反強磁性の交換相互作用でも，スピンの大きさが異なる場合はフェリ磁性とよぶ（図7.6）．強磁性やフェリ磁性の大きな特徴は，磁化が大きく，外部磁場がない状態でも有限の値をもつことである．ここで，磁化は単位体積あたりの磁気モーメントである．そのため，永久磁石，モータ，磁気記録媒体，光通信用の光アイソレータなど，さまざまな分野で応用されている[13]．また，電子のもつ自由度であるスピンと電荷の相互作用から，磁性体多層膜やトンネル接合の電気伝導が磁化の相対的な向きに依存する巨大磁気抵抗効果やトンネル磁気抵抗効果などが発現する．その現象を利用して，半導体メモリに置き換わる磁気

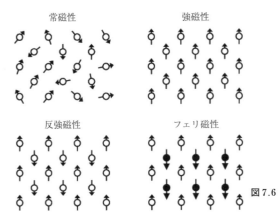

図7.6 常磁性,強磁性,反強磁性,フェリ磁性の概略図.

メモリや磁気センサなどを開発するスピントロニクスという分野が最近盛んに研究されている[14].

d. さまざまな無機機能性材料

ここまで述べてきたように,無機材料の電気的・磁気的性質に限っても,多くの材料が研究開発に供されている.現在,応用もしくは開発されている無機材料の例を表7.1に示す.

7.2 無機材料の合成法

ここでは,おもに酸化物の例を用いて,試料の形態に応じて代表的な合成法について述べる.

7.2.1 バルク材料

バルクとは塊を意味し,バルク材料とは数mmからそれ以上の大きさの材料を指す.バルク材料の合成は古くから行われてきた.酸化物は酸化された化合物なので,大気中で合成できる物質も多い.たとえば,ペロブスカイト構造$BaTiO_3$は以下の粉末試料を混合して大気中において電気炉内で焼成することにより合成することができる.

7.2 無機材料の合成法

表7.1 さまざまな無機材料の構造や物性.

分類	物質名	組成	室温における構造	物性	応用
単体金属	アルミニウム	Al	面心立方構造	導電性	導線
	鉄	Fe	体心立方構造	導電性, 強磁性 ($T_c = 1043$ K)	構造材
	銅	Cu	面心立方構造	導電性	導線
	銀	Ag	面心立方構造	導電性	電極, 鏡
	白金	Pt	面心立方構造	導電性, 耐食性	電極, 触媒, るつぼ
	金	Au	面心立方構造	導電性, 展延性	電極, 触媒
合金*	真鍮	$Cu_{0.7}Zn_{0.3}$	Cu	導電性, 展延性	構造材
	ニクロム	$CrNi_3$	Cu_3Au	高電気抵抗 ($\rho = 1.28 \times 10^{-6}$ Ωm)	電熱線
	パーマロイ	$FeNi_3$	Cu_3Au	導電性, 強磁性 ($T_c = \sim 1180$ K)	センサや磁場遮蔽に用いる高透磁率材
ホウ化物	ホウ化マグネシウム	MgB_2	AlB_2	超伝導性 ($T_c = 39$ K)	超伝導コイル
	ホウ化チタン	TiB_2	AlB_2	導電性, 高硬度	保護材
	ホウ化ランタン	LaB_6	CaB_6	導電性, 低仕事関数	陰極材料
	ホウ化レニウム	ReB_2	ReB_2	導電性, 高硬度	超硬材
炭化物	炭化バナジウム	VC	岩塩構造	導電性, 高硬度	超硬材
	炭化ニオブ	NbC	岩塩構造	導電性, 高硬度	超硬材
	炭化タングステン	WC	WC	導電性, 高硬度	超硬材
窒化物	窒化リチウム	Li_3N	Li_3N	イオン伝導性	水素貯蔵
	窒化ガリウム	GaN	ウルツ鉱構造	バンドギャップ ~ 3.4 eV	半導体
	窒化チタン	TiN	岩塩構造	導電性, 高硬度	保護材
	窒化マンガンニッケル	Mn_3ZnN	逆ペロブスカイト構造	反強磁性 ($T_N \sim 170$ K)	熱膨張抑止剤
	窒化ニオブ	NbN	岩塩構造	超伝導性 ($T_c = 16$ K)	高速赤外線受信機
酸化物	酸化マグネシウム	MgO	岩塩構造	絶縁性	トンネル磁気抵抗素子の絶縁層
	酸化チタン	TiO_2	ルチル型構造	バンドギャップ ~ 3.0 eV	光触媒
	チタン酸ストロンチウム	$SrTiO_3$	ペロブスカイト構造	バンドギャップ ~ 3.2 eV, 量子常誘電性	誘電体, 光触媒, 基板材料
	酸化インジウムスズ	$In_{2-x}Sn_xO_3$	ビックスバイト構造	導電性	透明電極
	酸化イットリウムバリウム銅	$YBa_2Cu_3O_{7-x}$	欠損ペロブスカイト構造	超伝導性 ($T_c = 94$ K)	超伝導量子干渉計
	酸化レニウム	ReO_3	ReO_3	導電性	触媒
フッ化物	蛍石	CaF_2	蛍石構造	絶縁性, バンドギャップ ~ 9.4 eV	光学材料
	氷晶石	Na_3AlF_6	$[NH_4]_3FeF_6$	ガラス光沢	アルミニウム製錬の融剤
その他	シリコン	Si	ダイヤモンド構造	バンドギャップ ~ 1.2 eV	半導体
	ゲルマニウム	Ge	ダイヤモンド構造	バンドギャップ ~ 0.7 eV	半導体
	ヒ化ガリウム	GaAs	閃亜鉛鉱	バンドギャップ ~ 1.4 eV	半導体

*合金は混合比によって特性を制御することができる. 表には代表的な組成と構造を示した.

$$\mathrm{BaCO_3 + TiO_2 \longrightarrow BaTiO_3 + CO_2}\,(気体)$$

酸化物は一般に高融点をもつため，比較的高い焼成温度が必要である．この反応は，混合した粉末の固体状態を保ったまま反応が進む固相反応で，一般に多結晶が得られる．試料を融解させて，融解物が冷えてできた結晶を引き上げて結晶成長する方法はチョクラルスキー法とよばれ，単結晶を得るときによく用いられる．水と反応物を密閉容器（オートクレーブ）に入れ加熱して，高温高圧下で合成する方法は水熱合成法とよばれ，石英などの単結晶合成に用いられる．単結晶試料は結晶性が高いため，結晶粒や粒界など結晶組織に影響されず，試料本来の性質を示す．また，純化プロセスを併用すれば，不純物濃度も減らすことができるが，これはシリコンなど半導体エレクトロニクス材料に重要な要素である．

遷移金属元素は複数の酸化数をもち，大気中で目的物質を合成する温度では安定でない酸化数である場合もある．そのようなときには，真空に引いて封管した石英管内に反応物を入れて，還元雰囲気で焼成することがある．特定の酸化数がどの温度・雰囲気ガス圧力（酸素，水素など）の範囲で安定かを示したものがエリンガム図で，試料の合成条件を決めるときに用いられる．

7.2.2 薄膜材料

無機材料を電子デバイスなどにする場合，ある一定の厚さで決められた大きさの試料が必要になる．デバイスを集積化するには小さいほどよい．そのようなときにはバルク材料でなく，厚さがナノメートルからマイクロメートルのオーダーの薄膜材料を作製する．面内方向の試料の大きさは，フォトリソグラフィーや電子ビームリソグラフィーなどの微細加工技術で制御することができる．試料の大きさを決められるため，光の透過率など薄い試料が望ましい場合に有用である．また，バルク材料の合成法では作製できないような，多層膜やヘテロ接合をつくったり，熱力学的固溶限を超えた不純物ドーピングや，準安定な結晶構造の安定化をすることもできる．

反応物がコロイド状に分散したゲルを基板に塗布し，加熱して目的物の薄膜をつくるのがゾル-ゲル法である．簡便であるが，得られる試料はおもに多結晶で結晶性が劣る．真空容器中で薄膜材料を基板上に蒸着すると厚さの均一な薄膜が得られる．そして，真空度が高くなると，蒸発した原料が気体分子にも衝突せず分子線

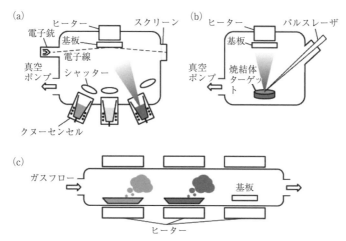

図 7.7 (a) 分子線エピタキシー法，(b) パルスレーザ堆積法，(c) 化学気相成長法の概略図．

ビームとして基板に到達する．格子整合性のよい単結晶基板を用いれば，バルク合成条件よりも低温でエピタキシャル薄膜をつくることができる．分子線エピタキシー法はGaAsなどの化合物半導体薄膜に用いられる方法で，各元素を独立に供給して，基板上で目的物質を形成する．化合物によっては非常に結晶性の高い試料が得られる手法である．パルスレーザ堆積法は目的物質と同じ組成のターゲット物質に集光したレーザを照射して蒸発させる方法である．紫外レーザを用いれば高融点の物質も容易に蒸発する．酸化物の場合は，酸素やオゾンガスの供給により酸素のストイキオメトリーを制御する．こちらも容易にエピタキシャル薄膜の作製ができる．また，揮発性の反応物質を反応管内に導入し，基板上で目的物を形成するのが化学気相成長法で，こちらもエピタキシャル薄膜の作製ができる（図 7.7）．

7.3 無機材料の構造評価

7.3.1 結晶構造

7.2節に説明したような合成法で無機材料を合成したのち，通常は試料の構造評価を行う．回折法を用いると，周期的な結晶構造を効果的に調べることができる．よく用いられるのは，X線回折法である[15]．X線回折パターンを測定することに

よって,試料に目的物質以外の不純物が含まれているかどうか,どのような結晶構造をもつか,結晶軸のそろった単結晶かそれとも多結晶か,結晶軸の配向はどうなっているか,という情報が得られる.エピタキシャル薄膜の場合は,下地の基板は通常単結晶なので,基板の結晶軸に対して薄膜の結晶軸がどのように配向しているかを詳細に調べることができる.ただし,厚さがナノメートルオーダーの超薄膜といった体積が微小な試料や定まった結晶構造をとらないアモルファスの試料については,X線回折法は適さない.

また,中性子回折法でも結晶構造の同定が可能である.中性子線の場合,X線と異なり軽元素にも強く散乱されるため,水素などの軽元素の構造も調べることができる.また,中性子はスピンをもち,試料のスピンに散乱されることから,スピンの配列も調べることができる.しかし,中性子線は試料との相互作用が弱いため,より多くの体積をもつ試料を必要とする.

7.3.2 表面構造

回折的手段は試料全体の結晶構造を調べるために有用である.一方,表面構造は実空間で高い空間分解能をもつ手法がよく用いられる.ナノテクノロジーの発展により,いろいろな分析装置が開発されている.身近なものでは光学顕微鏡があり,可視光の波長レベルのサブマイクロメートル程度までの観察が可能である.

走査型電子顕微鏡ではより波長の短い電子を用いるため,ナノメートルの空間分解能をもつが,幅広いレンジで空間分解能を設定できることも利点である.ただし,絶縁体試料は帯電するため観測が困難になる.装置にエネルギー(波長)分散型X線分光装置をつけると,電子線を試料に照射した際に発生する蛍光X線スペクトルから,試料の組成分析やマッピングが可能である.

原子間力顕微鏡では,試料とカンチレバーの間にはたらく原子間力をマッピングするが,水平方向にはナノメートルオーダー,鉛直方向にはサブナノメートルオーダーの空間分解能をもち,微小な構造の観察に適している.金属探針と試料の間のトンネル電流をマッピングする走査型トンネル顕微鏡では,原子の直接観察が可能で,原子オーダーの領域での状態密度も調べることができる.

薄膜試料の表面構造の観察によく用いられているのが,反射高速電子回折 (reflection high energy electron diffraction: RHEED) である.電子線は試料表面

で強く吸収されるため，表面敏感である．試料表面に浅い角度で高速電子線を照射して，表面付近の構造から生じた回折パターンにより，表面の平坦性や構造を知ることができる．薄膜成長中の表面構造や成長様式の観察にも用いられている．

7.3.3 局所構造

前項に述べた手法でも高い分解能での構造観察ができるが，表面構造に限られる．バルク内部の局所構造を観察する手法としては，透過型電子顕微鏡（transmission electron microscope: TEM）がある．試料を薄片に加工して電子線を透過することにより，試料の原子配列を調べることができる．電子線回折，エネルギー分散型 X 線分光，そして電子線エネルギー損失分光を併用することで，局所構造評価，組成マッピング，そして原子同定を行うことができる．走査型透過電子顕微鏡（scanning transmission electron microscope: STEM）では，原子番号の大きい原子がより高いコントラストで観察されるため，原子番号の大きさを反映した原子配列を観察することができる（図 7.8）．

X 線吸収分光法の一つである広域 X 線吸収微細構造（extended X-ray absorption fine structure: EXAFS）では，試料中の特定の原子の配位数や結合距離を調べることができる．蛍光 X 線ホログラフィーは，EXAFS の原理を応用して特定の原子の周辺の 3 次元構造を得る手法である．この手法が少量のドーパント付近の 3 次元局所構造を調べることに有用であることを後に示す．

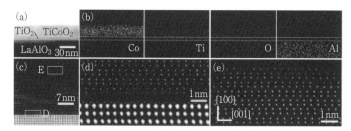

図 7.8 (a) アナターゼ構造 Co ドープ TiO_2 薄膜/TiO_2 バッファ層/$LaAlO_3$ 基板の明視野 STEM 像．(b) (a) の領域に相当する各元素のエネルギー分散型 X 線分光マッピング像．(c) 薄膜試料の断面 STEM 像．(d), (e) (c) に示した領域 D と領域 E の高分解能 HAADF-STEM 像（HAADF: high-angle annular dark-field）（参考文献 [16] より引用）．

7.4 無機材料の構造と機能の関係：酸化物半導体への遷移金属ドーピング

半導体にドーピングを施すと種々の機能が発現するのはよく知られている．半導体にドナー原子，アクセプタ原子を少量ドープすると，それぞれ電子，ホール（正孔）が生じる．AlAs, GaAs, InAs のように同じ結晶構造でバンドギャップの大きさが異なる物質を固溶するとバンドギャップが組成に応じて単調に変化するなど，ドーピングの影響はさまざまである．今回紹介する例は酸化物半導体に対する遷移金属元素のドーピングである．

半導体に遷移金属をドーピングすると，電荷に加えてスピンが半導体中に導入される．ドーピングが少量の場合，スピン同士が直接交換相互作用することはない．しかし，半導体中の遍歴電子（またはホール）もスピンをもっているので，遷移金属の局在スピンと遍歴電子のスピンが交換相互作用し，その遍歴電子が別の場所で別の局在スピンと交換相互作用するケースがある．すなわち，局在スピン間の間接的な交換相互作用を遍歴電子が媒介するわけである．そのような場合，強磁性が生じることがある．たとえば，Mn をドープした GaAs は約 200 K のキュリー温度を示す．このような物質は，強磁性でかつ半導体の性質を示すため，電気的に強磁性をスイッチングするような半導体スピントロニクス材料である[17]．

一般に，酸化物半導体は，透明電極として使われることからもわかるように，ワイドギャップ半導体で電子キャリアも多い．ワイドギャップ半導体では電子の有効質量が比較的大きいため，遷移金属をドーピングすると，局在スピン間の交換相互作用が大きく，高いキュリー温度が生じる可能性がある．そのような物質設計指針で物質探索が行われた結果，Co ドープ TiO_2 が室温強磁性半導体であることがわかった[18]．1～10% の Co のドーピングで室温強磁性が生じることを裏づける理論はないものの，異常ホール効果や巨大磁気光学効果の発現[19,20]，また，室温強磁性の電界誘起[21]など，この室温強磁性が内因的であることが示されている[22]．しかし，この高温強磁性の発現を正当化する根拠がなく，酸素欠損などの欠陥に起因した強い交換相互作用の発現の可能性が示唆されていた[22]．

蛍光 X 線ホログラフィーでルチル構造 Co ドープ TiO_2 の Co 周囲の 3 次元的な局所構造を調べた．通常なら，TiO_2 の Ti を Co が置換したルチル構造が観測されるだけであるが，ルチル構造とは異なる局所構造が観測された（図 7.9）．強磁性を

7.4 無機材料の構造と機能の関係:酸化物半導体への遷移金属ドーピング

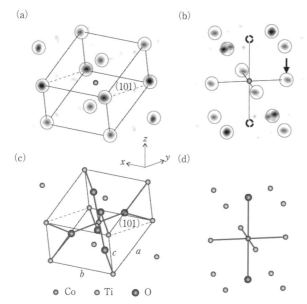

図 7.9 蛍光 X 線ホログラフィーによって得られたルチル構造 Co ドープ TiO_2 の Co 原子周辺の 3 次元局所構造(参考文献 [23] より引用). (a) 常磁性 $Ti_{0.09}Co_{0.01}O_2$ 薄膜試料. (b) 強磁性 $Ti_{0.95}Co_{0.05}O_2$ 薄膜試料. (c), (d) は,それぞれ (a), (b) から推測される構造モデルである.

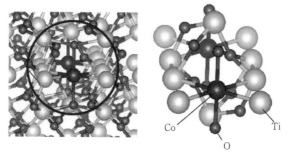

図 7.10 蛍光 X 線ホログラフィーの結果と第一原理計算による最適化から推測されるルチル構造 TiO_2 中の Co 周辺のサブオキシド構造 (参考文献 [23]).

示さない Co 濃度の低い試料では通常のルチル構造が観測されたが（図 7.9 (a)，(c)），強磁性を示す Co 濃度の高い試料では酸素の配位数がより少ないと考えられるサブオキシド構造（図 7.9 (b)，(d)）が観測されたのである．蛍光 X 線ホログラフィーでは，広範囲の構造を決定することはできず，軽元素である酸素も検出できない．したがって，第一原理計算を併用して，構造を決定する必要がある．第一原理計算の結果，不安定な構造と考えられるサブオキシド構造がバルクのルチル構造の中に埋め込まれたかたちで存在しうることがわかった（図 7.10）．このようなサブオキシド構造は微小な体積でしか存在しないため，X 線回折では検出できず，透過電子顕微鏡でも観測されていなかった．したがって，この結果は，蛍光 X 線ホログラフィーが微量なドーパント付近の 3 次元的な局所構造を調べることに適している手法であることを示している．

参考文献

[1] P. W. アトキンスほか著，田中勝久，平尾一之，北川　進訳：『シュライバー・アトキンス無機化学（上・下）第 4 版』（東京化学同人，2008）．
[2] L. スマート，E. ムーア著，平尾一之，河本邦仁訳：『入門 固体化学』（化学同人，1996）．
[3] A. R. ウエスト著，遠藤　忠ほか訳：『固体化学入門』（講談社，1996）．
[4] P. A. コックス著，魚崎浩平ほか訳：『固体の電子構造と化学』（技報堂，1989）．
[5] F. S. ガラッソー著，加藤誠軌，植松敬三訳：『図解ファインセラミックスの結晶化学 第 3 版』（アグネ技術センター，2002）．
[6] C. キッテル著，宇野良清ほか訳：『固体物理学入門 第 8 版（上・下）』（丸善，2005）．
[7] N. W. アシュクロフト，N. D. マーミン著，松原武生，町田一成訳：『固体物理の基礎（上）』（吉岡書店，1981）．
[8] A. S. グローブ著，垂井康夫ほか訳：『半導体デバイスの基礎』（オーム社，1995）．
[9] S. M. ジィー著，南日康夫ほか訳：『半導体デバイス—基礎理論とプロセス技術 第 2 版』（産業図書，2004）．
[10] 金原　粲：『薄膜の基本技術』（東京大学出版会，2008）．
[11] K. Momma and F. Izumi: J. Appl. Crystallogr. 44 (2011) 1272.
[12] M. ティンカム著，青木亮三，門脇和男訳：『超伝導入門（上）第 2 版』（吉岡書店，2004）．
[13] 近角聰信：『強磁性体の物理』（裳華房，1978）．
[14] 宮﨑照宣，土浦宏紀：『スピントロニクスの基礎』（森北出版，2013）．
[15] B. D. カリティ著，松村源太郎訳：『新版 X 線回折要論』（アグネ承風社，1999）．
[16] Y. Yamada, et al.: Science 332 (2011) 1065.

[17] H. Ohno: Science **281** (1998) 951.
[18] Y. Matsumoto, *et al.*: Science **291** (2001) 854.
[19] H. Toyosaki, *et al.*: Nat. Mater. **3** (2004) 221.
[20] T. Fukumura, *et al.*: Jpn. J. Appl. Phys. **42** (2003) L105.
[21] T. Fukumura and M. Kawasaki: *Functional Metal Oxides: New Science and Novel Applications* (S. Ogale, M. Blamire, T. Venkatesan eds.) (Wiley, 2013) p. 91.
[22] K. G. Roberts, *et al.*: Phys. Rev. B **78** (2008) 014409.
[23] W. Hu, *et al.*: Appl. Phys. Lett. **106** (2015) 222403.

8

有機デバイス・バイオ材料

8.1 有機デバイス

8.1.1 有機トランジスタとは

本章では,代表的な有機エレクトロニクスデバイスとして有機トランジスタを取り上げて,基本的な動作原理を説明するとともに,現在の研究の最前線について述べることにしたい.「有機トランジスタ」といった場合には,一般に,有機薄膜を活性層とする電界効果トランジスタ(field-effect transistor: FET)を指す.有機薄膜を使ったFETの研究は,1980年代にはじまったが[1],トランジスタ特性の指標となる電界効果移動度は 10^{-5} cm^2/(V s) 程度で,実用的な使用に耐えることを念頭に入れるようなものではなかった.1990年代後半になって,図8.1に示すペンタセンというベンゼン環が5個直線状につながった分子や,炭素原子60個からなるサッカーボール型分子である C_{60} を使った薄膜FETにおいて,電界効果移動度が 1 cm^2/(V s) 程度になることが報告され[2,3],「有機分子を使った薄膜FETを実用に用いることが可能ではないか」という期待が生まれた.一方,2000年前後から,FETを通じたキャリア注入による物性の制御(具体的には C_{60} の電界誘起超伝導)の報告がなされて,これへの興味から多くの固体物理研究者が,FET研究に入ってくることになった.結果的に「電界誘起超伝導」の報告は事実ではなかったが,このアイデアはその後も生き残ることになり,数年後に無機物質において実現する[4,5].

固体物理学者の参入は，有機FETの動作機構を多様な視点から追及する研究へと発展させていくことになる．2003年に，ルブレン（図8.1）という有機物質の単結晶を使ったFETが作製され[6]，それまで薄膜でのみで実現していたFETが有機単結晶でも実現できることが立証された．単結晶を使ったFETは，薄膜と違って結晶欠陥や結晶粒界，不純物などの外因的な要因を排除できることから，有機物に起因する本質的な特性を明らかにできる．したがって，FET研究を大きく進展させることになった．有機単結晶を使った研究の中で，いくつかの有機単結晶においてホール効果が観測された[7, 8]．また，角度分解光電子分光（angle-resolved photoemission spectroscopy: ARPES）によるバンド分散の観測[9, 10]もなされた．この結果，有機分子の単結晶FETはバンド伝導的な様相をもつことが明らかになった．なお，高移動度を示す有機薄膜FETの移動度の温度依存性について，multiple shallow trap and release（MTR）model に基づいた解析が進められ[11~13]，「有機薄膜FETの伝導はキャリアが分子間をホッピングすることにより生ずる」との従

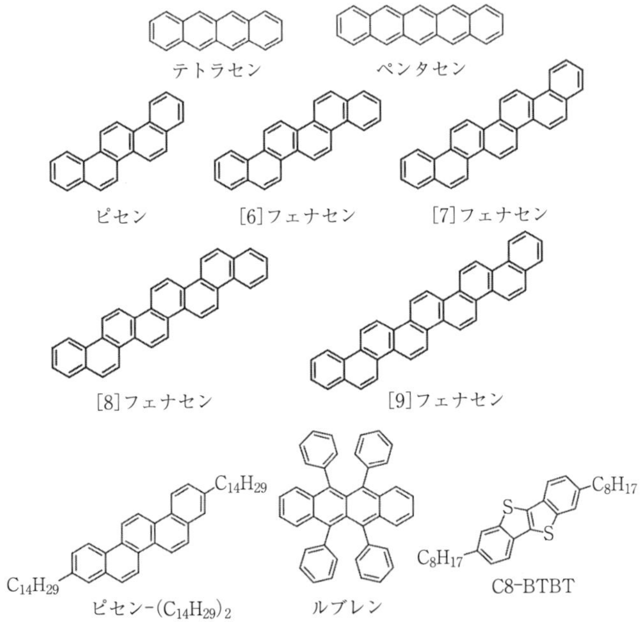

図8.1 FET活性層に用いられるさまざまな有機半導体．

来の考えが徐々に改められてきた．MTR モデルは，「トラップ準位に捕獲された キャリアが伝導するバンドに熱的に励起されたり，さらにトラップ準位に捕獲され たりしながら進む」とするもので，基本的にはバンド伝導を基礎にしている．有機 単結晶についてのホール効果や ARPES の研究は，バンドの形成を示唆するもので あり，FET についてもバンド伝導の可能性を示すものである．

一方，単結晶 FET の移動度の温度依存性から，高温領域でフォノンの熱散乱に よって移動度が抑制されていく状況が観測された[14, 15]．これはバンド伝導を直接 示唆するものである．また，有機 FET において電気伝導が生ずる領域（チャネル という）が，どのような機構で形成されるかの議論も進んできた．たとえば，ペン タセンは，典型的な p チャネル FET 動作を行う物質であるが，これはソース・ド レイン電極に金を使った場合のことで，電極を Ca に変えた場合には n チャネル FET 動作が観測される[16]．すなわち，有機 FET は p チャネルでも n チャネルで も動作することができる．これを両極性特性という．すなわち，電極の仕事関数の 違いによって，一つの有機半導体で p チャネル伝導でも n チャネル伝導でも実現で きるのである．これは，Si MOS（metal-oxide-semiconductor：金属-酸化物-半導 体）FET において，「少数キャリアの蓄積（反転層とよばれる）によって，どちら か一方の極性に限定された FET 特性だけが観測される」のとは大きく異なる．実 際に，有機分子の薄膜，単結晶ともに意図的な不純物ドーピングは行われていない ので，FET の動作機構が Si MOS FET とは異なることは容易に想像される．これ まで述べた FET に関する簡単な背景をもとに，有機 FET をさらに詳しく見てい くことにしたい．

8.1.2 FET の動作特性の評価

最初に，一般的な Si MOS FET を基礎にして FET 動作をどのように解釈する かを説明する．Si は 4 本の共有結合の手をもちダイヤモンド型構造をとる．局所的 には Si のまわりに正四面体型の配置ができる．このような配置は Si のほかにも C や，Ge においても見出され，C の場合にはダイヤモンドである．Si と Si の結合は 共有結合であるため非常に強いので，Si 固体は Si 原子の軌道を基礎にバンドを形 成することになる．したがって，エネルギーバンドを基礎にした FET の動作原理 を考えるのが自然である．純粋な Si は理想的にはまったく不純物を含まないが，

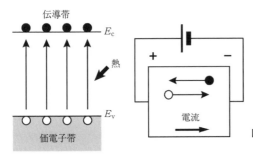

図8.2 真性半導体のキャリア生成と電流の流れ. ●:電子 ○:正孔.

FETを作製する場合には意図的な不純物のドーピングがなされたSiを用いる. まったく不純物がドーピングされていないSiは真性半導体とよばれる. このときSiそのものは室温・大気下で1.12 eVのエネルギーギャップをもつ. 伝導をつかさどるキャリアは, 金属の場合は電子である (正確にいうと一部の金属, たとえばAlやInについては正孔がキャリアであることが見出されているので厳密な表現ではない). 一方, 半導体の場合は電子と正孔 (ホールともいう) の両方である. しかしながら, 意図的に不純物ドーピングされていない場合, キャリアは外部から注入されないので, 図8.2に示すように, キャリアとなり得るのは価電子帯から伝導帯に熱的に励起された電子と, 価電子帯に形成された電子の抜けた孔である正孔である. キャリアという言葉は電気を運ぶ役割を果たす粒子のことを意味するので, ある物質に電場をかけると, 図8.2に示すように電子の進む方向とは逆に正孔が進むが, どちらも同じ方向に電流を流すことになる (電子の移動方向とは逆に電流が流れるため). したがって, 電子も正孔も電流を同じ方向に流す役割を果たすので, 半導体においては両方が重要である (金属では電子が圧倒的に多いため電子がキャリアの役割を果たす. なお, 一部の金属では電子の代わりに正孔となる).

さて, 真性半導体では, 図8.2からわかるように, 電子と正孔の量は同じである. ここで電子密度をn, 正孔密度をpとすると, 両者は同数であるから

$$n = p \tag{8.1}$$

となる. また,

$$np = n_i^2 \tag{8.2}$$

と定義し, n_iを真正キャリア濃度とよぶ. これは真性キャリア濃度の定義であるから, 後に述べる外因性半導体を論じる際にも用いることになる. 真性半導体のフェ

ルミエネルギーは，両者が等しい密度であるから，

$$E_\mathrm{F} = \frac{E_\mathrm{c} + E_\mathrm{v}}{2} \tag{8.3}$$

となることが直感的に予想されるが，実際には固体中において電子質量（m_e^*）と正孔質量（m_h^*）が異なるから，

$$E_\mathrm{F} = \frac{E_\mathrm{c} + E_\mathrm{v}}{2} + \frac{3}{4} k_\mathrm{B} T \ln \frac{m_\mathrm{h}^*}{m_\mathrm{e}^*} \equiv E_\mathrm{i} \tag{8.4}$$

となる．なお質量の添字は，eが電子を，hがホールすなわち正孔を意味しており，*がつけてあるのは，静止質量ではなく結晶中の質量（有効質量）であるためである．k_B はボルツマン定数である．式 (8.4) からわかるように，$T = 0$ や $m_\mathrm{e}^* = m_\mathrm{h}^*$ のときにはフェルミエネルギー E_F は式 (8.3) で表されることになる．式 (8.4) において与えられるフェルミエネルギーは真性半導体のフェルミエネルギーであり，真性エネルギー E_i として定義される．

さて，不純物をドーピングした半導体は外因性半導体とよばれる．実際にドーピングされる量は Si 10^6 個に 1 個程度であり，不純物原子は孤立して存在している．ここで，不純物ドーピングのために用いられる原子は，周期律表で Si の両隣に位置する 13 族と 15 族に属する原子である．たとえば，13 族の B をドーピングすると，Si より 1 個だけ電子が少ないために 1 個の正孔が注入されたことになる．一方，15 族の P や As をドーピングすると，Si に比べて 1 個電子が多いので 1 個の電子を注入したことになる．注入した電子や正孔は Si の共有結合ネットワークの中を自由に動きまわることが可能で，キャリアとして電流を運ぶことができるようになる．これをエネルギーダイヤグラムにしたものが図 8.3 である．この図は，P や As のように電子が Si より 1 個多い原子をドーピングしたときのものである．たと

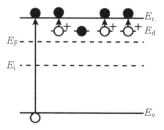

図 8.3　n 型半導体のキャリア生成．

えば，AsはSiより1個電子が多いので，電子が励起されてSiの伝導帯に入り，AsはAs$^+$になる．AsはSiに電子を与えるのでドナーとよぶ（ドナー準位は離散的な軌道として描かれている）．Asと伝導帯のボトム（E_cとしている）までのエネルギーは，価電子帯のトップのエネルギーE_vからE_cまでのエネルギー差より小さいので，多数の電子が熱的に励起されて伝導帯に入ることになる．したがって，この場合には，真性半導体の場合とは異なり電子の数が正孔の数より圧倒的に多くなる．ここで，Asから電子が抜けたAs$^+$は陽イオンであって正孔ではないことに注意が必要である．陽イオンは重いので伝導を担うことはできない（例外的に高温でイオン伝導が起こることがある）．この結果，AsをSi中にドーピングすると

$$\text{As} \longrightarrow \text{As}^+ + \text{e}^- \tag{8.5}$$

のように，電子が注入されることになる．このように，電子が多数キャリアとなった半導体をn型半導体とよぶ．半導体のフェルミエネルギーが，電子の分布確率を表すフェルミ-ディラック関数$f(E)$を半分にするエネルギーであることに注意すると，図8.3に示す位置になることが理解できる．

さて，実際には，すべてのAsが電子を伝導帯に励起しているわけではない．励起されていないドナーの存在確率は，ドナーのレベル（ドナー準位という）における電子の存在確率をフェルミ-ディラック関数で表すことによって得られる．ドナー濃度N_dのうち電子が抜けていない中性のドナーの濃度をN_d^0とし，電子が抜けて陽イオンになったものの濃度をN_d^+とすると，

$$N_d = N_d^+ + N_d^0 \tag{8.6}$$

の関係が成り立つので，

$$N_d^+ = N_d - N_d^0 = N_d\left(1 - \frac{N_d^0}{N_d}\right) = N_d\left(1 - \frac{1}{1 + \frac{1}{2}\exp\frac{E_d - E_F}{k_B T}}\right) \tag{8.7}$$

となる．ここで分母に1/2がつくのは，この系では一つの軌道あたり電子2個の分布を考えるのではなく，電子1個までの問題に還元されるからである．このような因子を縮退因子gとよぶ．またドーピング濃度が極端に大きくない場合を念頭に置き，室温付近を考えた場合には，

$$N_d = N_d^+ \tag{8.8}$$

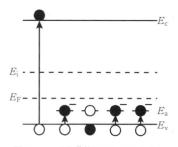
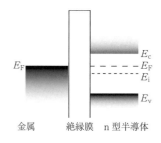

図 8.4　p 型半導体のキャリア生成．　　図 8.5　MOS 接合のエネルギーダイヤグラム．($V_G = 0$)．

が成り立つ．一方，電子が Si より少ない B などをドーピングした場合には，B が電子を価電子帯から奪う描像を描くことができる．図 8.4 はそのような場合を示している．ここで，電子を捕獲する軌道をアクセプタ準位とよんでいる．また，フェルミエネルギーの位置が図 8.4 とは異なることになる．このように B が Si にドーピングされると，

$$B \longrightarrow B^- + h \tag{8.9}$$

のように正孔が注入される．正孔が多数キャリアとなる半導体を p 型半導体とよぶ．なお，n 型半導体でも p 型半導体でも全体の電荷は中性となることに注意が必要である．

　これから，n 型半導体を例にして FET 動作を考えることにする．図 8.5 は，n 型半導体に誘電絶縁膜を接合し，さらにゲート電極を取りつけた場合のエネルギーダイヤグラムを示す．これは metal-oxide-semiconductor (MOS) とよぶことができる．金属 (metal) はゲート電極を，酸化物 (oxide) は誘電絶縁膜を，半導体 (semi-conductor) はここでは n 型半導体を示す．このとき，ゲート電極には電圧が印加されていない．すなわちゲート電圧 $V_G = 0$ である．

　次に $V_G > 0$ の場合を考える．図 8.6 からわかるように，このとき，電極のフェルミ準位が低下するので，それに伴って E_c，E_i，E_v ともに下側に曲がる．なお，V_G を印加しても半導体から電極に電流が流れるわけでないので，半導体のフェルミ準位の変化は起こらず一定である．この様相が図 8.6 に示されている．ここで，バンドベンディングによって，伝導帯の半導体と絶縁膜の界面付近に電子が引き寄せられて電子の濃度がバルクよりも高い状態が生まれるはずである．すなわち，多

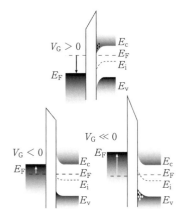

図8.6 MOS接合のエネルギーダイヤグラム. ($V_G \neq 0$).

数キャリアである電子の濃度が界面で大きくなる．このような状態を蓄積状態という．しかし，Si MOS FETにおいては蓄積状態，すなわち多数キャリアが界面近くに高濃度に集積した状態ではFET動作できない．すなわち，Si MOS FETでソースとドレインの電極形成するためには，後に述べるように過剰にキャリアをドーピングすることから，過剰に電子ドーピングされた部分（n^+と表す）をソースならびにドレイン電極とした場合，ソース電極-チャネル-ドレイン電極間はゲート電圧に無関係に$n^+/n/n^+$となりつねにキャリアが移動する．一方，過剰に正孔ドーピングされた部分（p^+と表す）をソースならびにドレイン電極とした場合$p^+/n/p^+$となるので，ゲート電圧を印加してもキャリア移動は期待できない．したがって，Si MOS FETでは蓄積状態のFET動作については議論しない．

一方，$V_G < 0$の状態を考えると，図8.6からわかるように，バンドは上向きに曲がることになる．このとき，多数キャリアである電子は徐々に界面から遠ざかることになるので，界面付近にキャリアが存在しない状態が生まれる．これを空乏状態とよぶ．さらに，負のV_Gを印加し$V_G \ll 0$とすると，バンドの上向きの曲がりはさらに急になる．このとき，E_iがE_Fを超えて高くなることが期待される．この場合，少数キャリアである正孔が界面付近に引き寄せられることになる．したがって，少数キャリアが界面付近では優勢になる．この状態を反転状態とよぶ．Si MOS FETはこのような反転状態で動作するので，n型半導体では正孔がキャリアとなって伝導を担うことになる．したがってpチャネルFET動作を行うことになる．

逆にp型半導体では少数キャリアである電子が伝導を担うことになり，nチャネルFET動作をすることになる．

さて，具体的にFET動作特性を評価する方法を示す．FETデバイスの特性を評価するためには，ソース電極とドレイン電極を活性層となる半導体に取りつける．Siの場合はn型半導体ではFETのチャネルが少数キャリアの正孔で形成されるので（pチャネルFET動作），過剰に正孔ドーピングされた部分（p^+）をソースとドレイン電極とする．反転層が形成されると，ソース電極-チャネル-ドレイン電極間のキャリア濃度は$p^+/p/p^+$となりキャリアが移動することができる（反転層形成前は$p^+/n/p^+$でキャリア移動ができないためスイッチオフ）．逆に，p型半導体では過剰に電子ドーピングされた部分（n^+と表す）を電極とする必要がある．後に述べる有機FETでは多様な仕事関数をもつ金属を蒸着などの手段によって電極として活性層となる半導体と接合させる．

また，もう一つの電極が半導体とゲート絶縁膜を介して平行に向かい合うかたちで取りつけられる．これがゲート電極である．図 8.7 に典型的な Si MOS FET の構造を示す．この図からわかるようにFETは，ソース，ドレインならびにゲート電極の3端子デバイスである．しかしながら，一般にソース電極やドレイン電極と半導体の間にショットキーエネルギー障壁が形成されることがあるので，ソースとドレインの間に流れる電流（ドレイン側に電流計を置くことでドレイン電流 I_D とする）を直接測定すると接触抵抗を含むことになる．このような測定法は，ソースとドレイン電極のみを使った測定なので2端子測定とよぶ（ここではゲート電極は含めないことにする）．接触抵抗をなくすためには，電圧を測定する端子を別個に設ければよいので，四つの端子（電流を流すための2端子（ソース，ドレイン電極）

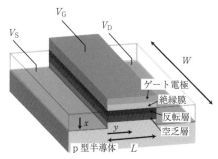

図 8.7 Si MOS FET の構造．

と電圧測定用の2端子）を半導体に取りつけなければならない．

　簡単のために，2端子法で測定した場合の FET 動作を考えることにする．なお，ここでは，活性層として p 型半導体を用い，n チャネル FET 動作（反転層形成により電子がキャリアになる）するものとして議論を進める．ソースとドレイン電極の間の電圧を V_{DS} とする．ただし，ソースは接地しているので（ソース接地という），

$$V_{DS} = V_D - V_S = V_D - 0 = V_D \tag{8.10}$$

である．ここで，V_D をドレイン電圧，V_S をソース電圧という．V_{DS} を固定して I_D を見ると半導体そのものの抵抗が大きいのできわめて小さな電流しか流れないはずである．そこで V_G を正の方向に印加していくことにする．ある電圧を超えると I_D が増加していくはずである．これは反転層が形成され，少数キャリアである電子が半導体中の絶縁膜界面近くに引き寄せられ半導体の抵抗が下がるためである．このとき反転状態が形成されたことになる．チャネルを流れる I_D は

$$I_D dy = \mu W C_O [V_G - V_{TH} - V(y)] dV \tag{8.11}$$

と与えられるので，ソースからドレインまでの I_D が一定であることを使って，$y = 0$ からチャネル長 L（図8.7からわかるようにソース電極を $y = 0$ としたときのドレイン電極の端までの距離に対応）まで積分して，

$$I_D \int_0^L dy = \int_0^{V_D} \mu W C_O [V_G - V_{TH} - V(y)] dV \tag{8.12}$$

となる．結果として，I_D を与える一般的な式が以下のように与えられる．

$$I_D L = \mu W C_O \left[(V_G - V_{TH}) V_D - \frac{1}{2} V_D^2 \right] \tag{8.13}$$

一般に，V_D が小さいときには，第2項を無視して，

$$I_D = \frac{\mu W C_O}{L} (V_G - V_{TH}) V_D \tag{8.14}$$

となる．これより，V_D が小さいときの I_D の一般的な変化を図8.8のように与えることができる（このプロットは伝達特性とよばれる）．実際に FET の特性を示す指標となる移動度 μ を求めるためには，実験的に得られた $I_D - V_G$ プロットの傾きを求める必要がある．また，$I_D = 0$ となる V_G はしきい電圧 V_{TH} ということになる．このように V_D が小さい場合（$V_D < V_G - V_{TH}$）を線形領域という．

　さて，V_D が大きい場合を考える．V_D が

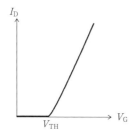

図 8.8 線形領域の伝達特性 ($V_D < V_G - V_{TH}$).

$$V_D > V_G - V_{TH} \tag{8.15}$$

の場合には，

$$0 > V_G - V_{TH} - V_D \tag{8.16}$$

であるから，ドレイン電極付近に反転層が形成されないことになる．V_G を大きくしても上記の関係が破られないような高い V_D においては，反転層形成が行われず，ソースとドレイン電極を完全につなぐチャネルが形成されない．このような状態をピンチオフと称する．言い換えると，

$$V_D < V_G - V_{TH} \tag{8.17}$$

を満たす V_D まではチャネルの幅がどんどん大きくなって I_D は増加するが，V_D がその範囲を超えるとチャネルの拡張が起こらないために，実質的な V_D は

$$V_D = V_G - V_{TH} \tag{8.18}$$

となってしまう．すなわち，$V_G - V_{TH}$ を超える V_D はチャネル形成に使われず，ドレイン電極付近に形成される空乏層を乗り越えるための電圧として使われることになる．したがって，式 (8.13) において $V_D = V_G - V_{TH}$ としなければならない．結果として

$$I_D = \frac{\mu W C_0}{2L}(V_G - V_{TH})^2 \tag{8.19}$$

が得られることになる．したがって，$V_D > V_G - V_{TH}$ では，図 8.9 に示すように測定した伝達特性を $I_D^{1/2}$ と V_G としてプロットし，その傾きから μ を求めることが可能である．なお，$V_D > V_G - V_{TH}$ の領域を飽和領域という．

これまで伝達特性をベースに移動度やしきい電圧を求める方法を説明した．一方，V_G を固定して V_D を変化させながら I_D をプロットすることができる．これは出力特性とよばれる．図 8.10 に示すように，線形領域は $V_D < V_G - V_{TH}$ の領域

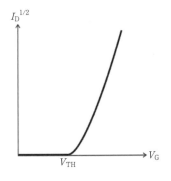

図 8.9　飽和領域の伝達特性 ($V_D > V_G - V_{TH}$).

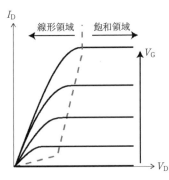

図 8.10　典型的な出力特性.

に対応しており，この領域では $I_D - V_D$ プロットが線形に立ち上がっていることがわかる．一方，$V_D > V_G - V_{TH}$ においては，I_D は増加することなく一定値をとる．この領域は飽和領域となる．この理由は上述したとおりであり，チャネルがソース電極とドレイン電極全体に形成されない状態に対応する．

V_D が小さな領域では線形に I_D が立ち上がると述べたが，2端子法で測定した場合に，ソースならびにドレイン電極と半導体活性層との接触抵抗が大きいために，下に凸のカーブとなる場合がある．このようなことが起こるのは，有機 FET，とくに単結晶を使った FET でしばしば起こる．この場合には，線形領域での FET 特性の評価を行うことが困難になる．それを避けるために，接触抵抗を低減させることや，4端子法を使うことなどが行われている．接触抵抗の低減については後述する．

これまで p 型半導体を使った n チャネル FET 特性について述べてきた．しかし，

n型半導体を使ったpチャネルFET動作についても同じ式を使って評価することが可能である．しかしながら，V_G と V_D, I_D は負になるので，それぞれ絶対値を使って評価する必要がある．評価法に関しては，それ以外に異なる点はない．また，測定に際しては，ソース電極はつねに接地するが，ドレイン電極はnチャネルFET測定では正に，pチャネルFET測定では負にしなければならない．

8.1.3 有機FETの動作特性

有機FETの特性はSi MOS FETの場合と同様に評価を行うことができる．しかし，有機FETはSi MOS FETとは異なる動作機構によると考えられる点がある．第一にSi MOS FETを作製する場合，活性層となるSiは，真性半導体ではなく不純物ドーピングを行った外因性半導体である．一方，有機FETにおいては，活性層となる有機薄膜，有機単結晶ともに意図的なドーピングは行わない．したがって，真性半導体を活性層として用いることになる．しかしながら，現実には，有機物質の精製レベルは無機物のレベルにはるかに及ばない．Siの精製純度が99.9999999％と9が九つならぶ以上の純度に達するのに対して，有機物質の精製純度はせいぜい99.99％程度である．したがって，意図的な不純物ドーピングが行われていなくても，キャリアドーピングを引き起こす不純物が存在しているに違いない．一方，有機FETでは，最初に述べたように，電極を変えることによってpチャネルでもnチャネルでも動作する．このことは，少数キャリアが伝導を担うSi MOS FETとは大きく異なる．

有機物質であるペンタセンは，金電極をソース・ドレイン電極とした場合にはpチャネル動作し，移動度も $1\,\mathrm{cm}^2/(\mathrm{V\,s})$ ときわめて高い．一方，Ca電極を用いた場合にはnチャネル動作するが，その移動度は $10^{-3}\,\mathrm{cm}^2/(\mathrm{V\,s})$ 程度である．これはどのように考えるべきであろうか．図8.11に示すようにペンタセンをはじめとす

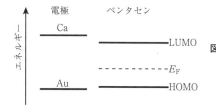

図8.11　ペンタセンのエネルギーダイヤグラムと金属のフェルミエネルギー．最低空軌道（lowest unoccupied molecular orbital：LUMO），最高占有軌道（highest occupied molecular orbital：HOMO）．

る多環縮合炭化水素分子のフェルミ準位は完全に E_c と E_v の真ん中に存在するのではなく，若干 E_v に近づいている（図 8.11 中では HOMO に近い）．このためトラップ準位を電子で埋めて伝導帯に到達するには大きな V_G を必要とするであろう．一方，ペンタセンのフェルミ準位と HOMO のエネルギー差が小さいので，フェルミ面から価電子帯に到達するためにトラップ準位を正孔で埋めていくためには小さな $|V_G|$ でよいはずである．これは p チャネル動作を容易にする要因である．

さらに，電極が Au である場合は，Au 電極と価電子帯のトップとのエネルギー差が小さいために，形成されるエネルギー障壁は小さく，電極からの正孔の注入は容易である．これは V_G でトラップを埋めて価電子帯を正孔が流れるようにした後に，安定に電極から正孔を注入し続けることができることを意味する．これは安定な FET 動作を保証するはずである．一方，電極を Ca にした場合には電極と伝導帯のエネルギー差が小さくなるためにエネルギー障壁が小さく電極から安定に電子を注入し続けることが可能である．これが n チャネル動作を実現させた理由である．しかし，フェルミ準位が価電子帯側によっている（p 型半導体になっている）ことによって，p チャネルと n チャネル特性にアンバランスが生じている．なお，有機 FET に Si MOS FET で考えた「反転層の概念」をもち込む必要はない．また，ソース・ドレイン電極の仕事関数を変える（フェルミ準位を変える）ことによって，注入が容易になるというのは，電極を変えたときに有機半導体のエネルギーレベルが変化しないからである．すなわち，金属を変えるとエネルギー障壁が変化するからともいえる．このようなことは，Si においては起こらない．このような特性を表すパラメータをスロープパラメータ（slope parameter: S_X）とよんでいる．S_X は，

$$S_X = \frac{d\phi_B}{dX_m} \tag{8.20}$$

で与えられる．ここで ϕ_B はエネルギー障壁を，X_m は金属の電気陰性度を表す．S_X は金属が変わったときにどれだけエネルギー障壁が変わるかを示すパラメータである．Si においては $S_X = 0$ であり，GaS では $S_X = 1$ であることが知られている[17]．前者はバーディーンリミットとよばれ，後者はモット-ショットキーリミットとよばれている．有機物質は後者に属する．このため，有機 FET では基本的に電極を変えると両極性が可能になる．

有機物質を使った FET についてまとめると，以下のとおりである．
(1) 有機物質は意図的な不純物ドーピングをしているわけでなく，真性半導体として用いられている．そのため反転層形成による Si MOS FET とは異なるチャネル形成がなされる．チャネル形成するのは電子でも正孔でもよく，その意味で両極性が可能である．
(2) しかし，有機物質の精製技術が不完全なために，実際のフェルミレベルは，価電子帯あるいは伝導帯のどちらかに少し偏っている．そのため，動作しやすい極性がある．これはトラップを埋めるのに必要な V_G の大きさと関係している．
(3) ゲート電圧印加によるキャリア注入によってチャネルが形成された後に，安定にソース電極からキャリアを注入するためには，ソースと伝導するバンドの間のエネルギー障壁を下げる必要があり，そのため異なる仕事関数の金属をうまく利用して電極のフェルミ準位を変える必要がある．モット-ショットキーリミットにある有機分子では，金属の仕事関数を変えてエネルギー障壁を変えることができる．

8.1.4 高性能有機 FET に向けての研究展開

有機 FET の移動度が，$1\,\mathrm{cm}^2/(\mathrm{V\,s})$ 程度であるという状況は，この 10 年の精力的な研究の結果，大きく変化して，いくつかのきわめて高性能の有機薄膜，ならびに単結晶 FET が報告されている．本項では，とくに最近注目を集めている物質系について紹介する．第一に，瀧宮らによって開発されたジオクチルベンゾチエノベンゾチオフェン（dioctylbenzothienobenzothiophene: C8-BTBT）にアルキル基をつけた誘導体の FET について述べることにする．この分子の構造は図 8.1 に示している．C8-BTBT は，チオフェンリングを分子骨格に含む π 電子系の分子である．塗布法でこの分子の薄膜を形成して作製した FET では移動度 $9.1\,\mathrm{cm}^2/(\mathrm{V\,s})$ が得られている[18]．さらに，この分子の類似骨格をもつ分子であるビス（ベンゾチエノ）ナフタレン（bis(benzothieno)naphthalene: BBTN）のアルキル誘導体の蒸着薄膜を使った FET においては $15.6\,\mathrm{cm}^2/(\mathrm{V\,s})$ が報告されている[19]．最近のバオ（Z. Bao）らの研究では，アルキル鎖を変えた BTBT 誘導体の薄膜 FET で $43\,\mathrm{cm}^2/(\mathrm{V\,s})$ が得られている[20]．この FET デバイスでは，塗布法によって薄膜が

形成されており，BTBT 誘導体では塗布法が威力を発揮していることがわかる．

筆者らのグループでは，図 8.1 に示すフェナセンとよばれるベンゼン環が W 型に縮合した多環縮合炭化水素分子を使った FET について研究を進めてきた[21〜25]．これまでに，ベンゼン環数が 5 個のピセンから 6 個の [6]フェナセン，7 個の [7]フェナセン，8 個の [8]フェナセン，9 個の [9]フェナセンまで，新しく分子を合成して，薄膜と単結晶の両方を活性層とする FET デバイスをさまざまな誘電絶縁膜を使って作製しその特性を調べた．この分子は，HOMO レベルが深く，HOMO-LUMO ギャップが大きいために，化学的に安定である[15]．また，ab 面内に大きな伝導が起こることが，分子間のトランスファ積分の計算から示唆されるが，実際に薄膜デバイスを作製すると，ab 面が絶縁膜に平行に積層していくので，FET デバイスを作製するうえで非常に有利な状況が生まれている[15,21〜25]．単結晶についても，ab 面が広がった薄い平板状結晶ができるので FET デバイス作製が行いやすい[15,26〜29]．得られた移動度の最高値は，ピセンにアルキル鎖をつけた 3,10-ジテトラデシルピセン（3,10-ditetradecylpicene: $(C_{14}H_{29})_2$-picene）（図 8.1）の薄膜 FET で記録された 21 cm^2/(V s) である[30]．このような非常に高い移動度の観測は，大きな π 電子系の存在と，適切なアルキル鎖の存在によってうまく伝導パスが生まれる分子パッキングが形成されたからと考えられる．一方，フェナセン単結晶 FET で最も高い移動度は，九つのベンゼン環数をもつ [9]フェナセン単結晶 FET で記録された 18 cm^2/(V s) である[29]．

なお，ここに示した移動度は 2 端子測定によるもので，接触抵抗を含むデバイスの移動度である．フェナセン単結晶 FET においては，金を使ったソース・ドレイン電極と単結晶の間の接触抵抗が大きいので，2,3,5,6-テトラフルオロ-7,7,8,8-テトラシアノキノジメタン（2,3,5,6-tetrafluoro-7,7,8,8-tetracyanoquinodimethane: F_4TCNQ）を 3 nm 程度金と単結晶の間に挿入している．これはショットキー障壁を破壊する効果をもっており，2 端子測定できわめて高い移動度を得るための重要な鍵となっている[27〜29]．フェナセン単結晶 FET では，ベンゼン環数の増加とともに移動度が上昇する傾向が見出されており[29]，ベンゼン環数の増大による π 電子系ネットワークの拡大に伴う分子間の π-π 相互作用の増加が要因となっていると考えられている．

このように，いくつかの有機分子を使った FET で，20 cm^2/(V s) を超えるきわ

めて高い電界効果移動度が得られており，限られた用途ではあるが，すでに有機FETは実用化レベルに到達している．また，有機分子特有のフレキシブル性を備えたFETデバイスの作製も進んでいる．なお，pチャネルFETに比べてnチャネルFETの性能が低いことは，今後のCMOS (complementary MOS: 相補型MOS) 論理ゲート回路応用の観点から緊急に解決すべき問題である．とくに，空気中で安定に動作する高性能なnチャネルFETの開発は急務である．少し古くなるが，nチャネルFET研究開発の状況について示す総説を参考文献[31]として挙げる．

有機FETの高性能化のためには，(1) 活性層用有機材料の開拓，(2) デバイスを構成する要素技術の発展，(3) デバイスを構成する要素界面の高性能化，の三つの課題を一体的に進めていかねばならない．また，それぞれの研究開発を進めるためには，作製したデバイスをミクロスコピックに評価していく必要がある．3D活性サイト科学はFETデバイスの特性を決定する鍵となる部分（サイト）の構造と電子状態をピンポイントで明らかにしていくことを目的としている．たとえば，FETにおいてチャネルを形成するのは，絶縁膜と活性層の界面であるから，バルクの構造ではなく表面の構造を決めなければならない．したがって，X線 crystal truncation rod (CTR) 散乱のような新しい手法を使う必要がある．これまでの研究で，X線CTR散乱により，テトラセン単結晶では表面構造とバルク構造の違いが明らかになっており[32]，FETの動作特性を議論するにあたっては，X線CTR散乱を測定することが重要であることがわかっている．また，伝導が実際に起こっている状態での表面構造の決定など，FETデバイスを *in situ* で解剖する必要にも迫られている．3D活性サイト科学は，デバイス性能を決定するターゲットサイトをミクロスコピックに明らかにし，それをデバイス作製にフィードバックするものである．したがって，3D活性サイト科学の推進は，FETデバイス研究に画期的な進歩をもたらすものと期待される．

8.2 バイオ材料

8.2.1 バイオ材料への拡張

新しい計測法は，比較的，安定構造を保持できるサンプル系の無機系物質から測定が始められて，有機系物質や生命系物質へと，その計測法の有効性を証明しなが

ら高度化する．たとえば，構造決定法として歴史があり，有名な X 線構造決定法は，1895 年にレントゲン（W. C. Röntgen）によって発見された X 線を用いて，1912 年にラウエ（M. F. von Laue）の硫化亜鉛結晶によって，X 線回折現象が構造決定に利用できることが証明された．1950 年代には，X 線回折法は，タンパク質分子の構造を決定する構造生物学において，広く用いられるようになっていた．フランクリン（R. Franklin）による遺伝現象の主役分子であったデオキシリボ核酸（deoxyribonucleic acid: DNA）の X 線回折写真が，二重らせん構造（図 8.12）を決定するのに重要な寄与をしたことは有名である[33]．X 線回折法に関連する発見は，無機材料系で証明され，ノーベル物理学賞の対象となり，やがて，有機分子や生体分子の構造解析に使われ，その重要性からくり返しノーベル化学賞の対象となり，現在に至っても続いている．

　一般に，バイオ材料と定義できる分子群は，上記のような核酸やタンパク質分子だけではない．生体系で非常に重要な信号としてはたらくさまざまなアミノ酸が結合した分子群であるペプチド分子や，細胞膜の主要構成分子で長鎖脂肪酸や炭化水素鎖をもつ脂質も含まれる．これらが無機材料系と異なって共通にもっている計測上の問題点として，(1) 絶縁性，(2) 量子ビームに対する破壊性，(3) 1 分子レベルでの機能性，(4) 結晶化が難しい，という特徴を列挙することができる．量子ビームである X 線や中性子線は，(1) に関しては問題にならないが，電子線励起や光電子検出の場合は，正確なデータを取得するためには，導電的なサンプル状態を必要とする場合がある．(2) に関しては，量子ビームの照射前後での構造情報を取

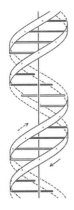

図 8.12 DNA の分子構造モデル図．

得して，その変化がないことを確認しなければならない．(3),(4) は構造情報を取得するために必要な単結晶作製が困難な場合は深刻な問題となる．また，バイオ材料は，通常，炭化水素鎖が主要骨格をなして分子量も比較的大きいので，量子ビームに対する散乱断面積が小さく，必要な結晶サイズも無機材料で測定に必要なサイズをはるかに超えて直径が数 mm レベルの場合も多くある．

8.2.2 バイオ材料における分子構造決定と機能解析

バイオ材料系において，量子ビームを用いて構造を決定する場合の特有の難しさは理解できた．では，バイオ材料系で分子構造を決定することの意義とは何であろうか．1950 年代に構造決定の重要性・意義を示したのが，前述した DNA 分子である．現在では，すべての生物系において，遺伝現象は DNA の複製によって行われることがわかっている．1950 年当初は，その主役分子が，核酸なのかタンパク質分子なのか，ある種のポリペプチドなのかまったくわからなかった．そんな中でDNA 分子がその中心的な役割を担っているのではないかと考えた若い研究者，ワトソン（J. Watson）とクリック（F. Crick）によって，ウィルキンス（M. Wilkins）の研究室で DNA の結晶解析をしていたフランクリンの X 線構造解析データを用いて，見事な二重らせんモデルが提唱された．そのモデルは図 8.12 にあるように，二重らせん構造とは，逆向きの 2 本のポリヌクレオチド鎖からできており，相補的な塩基（A/T, G/C）対の水素結合を介して結合している．その相補性こそ，A，T, G, C の 4 種の塩基うち，1 種を決めればそれと水素結合で結ばれるもう 1 種が決まるという，遺伝における複製の機能発現メカニズムの根幹となった．このように，分子構造を決定することで，その分子の機能特性が理解できるタンパク質分子ばかりではないが，多くの場合はその機能を分子構造のうえで議論することができる．分子構造と分子発現機能のより詳細な研究において，決定された分子構造をもとにアミノ酸配列に点変異を導入し，その機能がどのように変化するかという研究がされ続けている．

しかし，最新のタンパク質科学では，安定な立体構造をとらない部分をもつ天然変性タンパク質分子（intrinsically disordered protein: IDP）が数多く確認されるようになった．前述したように，タンパク質分子は特有の立体構造をもち，特異的な機能を発現する．分子生物学の研究において，実験をする際に技術的困難さに

よって，変性状態ともいえるタンパク質分子の領域はほとんど研究対象としてこなかった．しかし，この不定形部分が，複数の分子と結合することが可能となる構造で，こうした不定形の領域をもつタンパク質は決して例外的な存在ではなく，生体にとって根本的な機能をもつタンパク質分子の1/3を占めていることがわかってきた．これらIDPの活性サイトの構造的決定方法も今後は議論されるようになるであろう．もしくは，分子の構造決定という計測目的ではなく，分子揺らぎや分子の構造不安定性情報を原理レベルで機能との相関から議論することが実現する時代がくるかもしれない．

8.2.3 金属含有タンパク質分子の計測

多くの機能性生体分子系において，金属元素は生体分子が機能発現する際に重要な役割を担っている．生体内酵素の実に約半数の生体分子がその機能発現に金属を利用している[34]．具体的には，光合成に寄与するタンパク質分子である光化学系 PSⅡ（photosystem Ⅱまたはwater-plastoquinone oxidoreductase）は，分子中央部分に金属元素を主体としたMn_4CaO_5クラスタを含有しており，それぞれのMnが価数を変化させることにより光合成という機能を高効率に発現させている（図8.13）．このような金属元素が生体内で活性サイトとしての役割を果たすことにより，生体分子の研究分野では，金属元素周辺部位に関する研究が盛んに行われてきた．ごく最近ではX線自由電子レーザ（X-ray free electron laser: XFEL）を用いたX線回折なども行われており，より正確に金属元素周辺の構造を決定するための試みが引き続き行われている[35]．そのような観点から，元素選択的手法を用いて，金属元素周辺の局所構造を解明することは，生体分子の機能発現機構を解明するうえできわめて重要なアプローチである．

PSⅡにおいて，一番重要なのはMnが価数を変化させることである．この変化は通常の結晶を用いたX線回折法では直接的に決定することは難しい．そこで注目されたのが，蛍光X線ホログラフィー法である．蛍光X線ホログラフィー法は，特定元素周辺の3次元原子像を可視化させることのできる比較的新しい構造解析法である．周期的な構造の解析に威力を発揮するX線構造解析法や，2〜3原子先までの原子間距離の解析を得意とするX線吸収微細構造法と異なり，蛍光X線ホログラフィーは半径約2nmまでの原子像を3次元的に再生できる．このため，局所

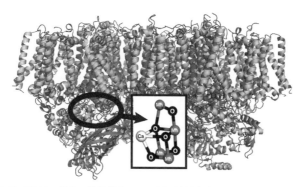

図 8.13 PS II 二量体の分子構造モデル図. 活性中心である Mn_4CaO_5 クラスター触媒の構造を拡大している.

的中距離構造という独自のフィールドで, 金属元素の価数決定など本手法ならではの構造情報を提供できる[36].

8.2.4 汎用的バイオ材料への適応を目指した計測法

　無機材料で考案・開発された計測手段をバイオ材料に適応するために, 多くの問題点を解決し, 実際に測定可能な状態になるまで技術的な進展が行われる. しかし, バイオ材料と無機材料系の根本的な相違点は, 重元素が主成分ではなく, 軽元素である炭化水素鎖が主成分であることを認識しなければならない. その対策として以下の議論がある.

　計測対象として炭素や水素を最終ターゲットにするよりも, 比較的重たい元素である硫黄 S を計測目的にすることである. とくに硫黄が—S—S—のように結合した S-S ジスルフィド結合はタンパク質分子の構造の骨格部分を形成している場合があり, この構造情報の決定はタンパク質分子骨格を決定するに等しい. また, この結合部位に標識イオンとして金属イオンをキレートさせて, その標識金属元素まわりの原子レベルの構造決定を実現する. もちろん, 標識法を適応する際は, その生物学的機能的影響を生化学的に評価することが重要である. 今後の計測法の進展において, 上記のような標識法で解明できる新しい生命現象に限界が現れた段階で, 脱標識計測手段の進展が主役となる.

謝　辞

最後に，8.1節を執筆するにあたり，図の作製ならびに論文調査にご協力いただいた岡山大学の浜尾志乃さん，下 侑馬君，三上隆弘君に感謝いたします．

参考文献

[1] F. Ebisawa, T. Kurokawa, and S. Nara: J. Appl. Phys. **54** (1983) 3255.
[2] R. C. Haddon, *et al.*: Appl. Phys. Lett. **67** (1995) 121.
[3] Y. -Y. Lin, *et al.*: IEEE Electron. Device Lett. **18** (1997) 606.
[4] K. Ueno, *et al.*: Nat. Mater. **7** (2008) 855.
[5] J. T. Ye, *et al.*: Nat. Mater. **9** (2010) 125.
[6] V. Podzorov, V. M. Pudalov, and M. E. Gershenson: Appl. Phys. Lett. **82** (2003) 1739.
[7] J. Takeya, *et al.*: Jpn. J. Appl. Phys. **44** (2005) L1393.
[8] V. Podzorov, *et al.*: Phys. Rev. Lett. **95** (2005) 226601.
[9] S. I. Machida, *et al.*: Phys. Rev. Lett. **104** (2010) 156401.
[10] Q. Xin, *et al.*: Phys. Rev. Lett. **108** (2012) 226401.
[11] D. C. Hoesterey and G. M. Letson: J. Phys. Chem. Solids **24** (1963) 1609.
[12] D. Knipp, R. A. Street, and A. R. Volkel: Appl. Phys. Lett. **82** (2003) 3907.
[13] N. Kawasaki, *et al.*: Appl. Phys. Lett. **94** (2009) 043310.
[14] T. Sakanoue and H. Sirringhaus: Nat. Mater. **99** (2010) 736.
[15] Y. Kubozono, *et al.*: Eur. J. Inorg. Chem. **24** (2014) 3806.
[16] T. Yasuda, *et al.*: Appl. Phys. Lett. **85** (2004) 2098.
[17] W. Mönch: *Electric properties of semiconductor interfaces* (Springer, 2004).
[18] C. Liu, *et al.*: Adv. Mater. **23** (2011) 523.
[19] N. Kurihara, *et al.*: Jpn. J. Appl. Phys. **52** (2013) 05DC11.
[20] Y. Yuan, *et al.*: Nature Commun. **5** (2014) 3005.
[21] H. Okamoto, *et al.*: J. Am. Chem. Soc. **130** (2008) 10470.
[22] N. Kawasaki, *et al.*: Appl. Phys. Lett. **96** (2010) 113305.
[23] R. Eguchi, *et al.*: Phys. Chem. Chem. Phys. **15** (2013) 20611.
[24] Y. Sugawara, *et al.*: Appl. Phys. Lett. **98** (2011) 013303.
[25] H. Okamoto, *et al.*: Sci. Rep. **4** (2014) 5330.
[26] N. Kawai, *et al.*: J. Phys. Chem. C **116** (2012) 7893.
[27] X. He, *et al.*: J. Phys. Chem. C **118** (2014) 5284.
[28] Y. Shimo, *et al.*: J. Mater. Chem. C **3** (2015) 7370.
[29] Y. Shimo, *et al.*: Sci. Rep. **6** (2016) 21008.
[30] H. Okamoto, *et al.*: Sci. Rep. **4** (2014) 5330.
[31] A. Facchetti: Materials Today **10** (2007) 28.
[32] H. Morisaki, *et al.*: Nature Commun. **5** (2014) 5400.

[33] J. D. Watson and F. H. C. Crick: Nature **171** (1953) 737.
[34] K. J. Waldron, *et al.*: Nature **460** (2009) 823.
[35] M. Suga, *et al.*: Nature **517** (2015) 99.
[36] K. Hayashi, *et al.*: J. Phys. Condens. Matter **24** (2012) 093201.

索 引

[欧数字]
1電子波動関数　89
1分子イメージング　75
1分子計測学　75
2次元表示型分析器　12
2次摂動論　94
ab initio 分子軌道法　85
AMBER　105
B3LYP　87
CHARMM　105
CMD　→　computational materials design
CMD ワークショップ　92
CN イオン　100
Co ドープ TiO_2　134
computational materials design　92
CONQUEST　91
crystal truncation rod　5
CTR　→　crystal truncation rod
CTR 散乱　45
CTR 散乱ホログラフィー　49
d 軌道　85, 96
DFT 法　87
f 軌道　85
FET　→　field-effect transistor　141
field-effect transistor　139
GaN　98, 100
generalized gradient approximation　91
GGA　→　generalized gradient approximation
GROMACS　105
HF 法　87
highest occupied molecular orbital　86, 93
HiLAPW　93
HOMO　→　highest occupied molecular orbital

LAPW　→　linear augmented plane wave
LCAO　86
LDA　→　local density approximation
linear augmented plane wave　91
local density approximation　90
lowest unoccupied molecular orbital　93
LUMO　→　lowest unoccupied molecular orbital
metal-oxide-semiconductor　141
MOS　→　metal-oxide-semiconductor
MOSFET　141
MP 多体摂動論　87
myPresto　105
n 型半導体　144
n チャネル　141
n チャネル FET　141
Na フラックス法　99
normal-coordinate structural decomposition　102
OpenMX　91
p 型半導体　145
p 軌道　85
p チャネル　141
p チャネル FET　141
QM/MM　107
s 軌道　85
SEM　→　走査型電子顕微鏡
SiC 表面　97
SPEA-MEM　22, 26, 32
STATE-Senri　91
TBSA アルゴリズム　106
TD-WPD　→　time-dependent wave-packet diffusion
TEM　→　透過型電子顕微鏡
time-dependent wave-packet diffusion　118

索引

transmission electron microscope 58
X線1分子追跡法 77
X線回折法 131
X線吸収微細構造法 158
X線構造解析法 158
X線自由電子レーザ 78
X線定在波 29
X線分光 132

[あ行]

アクセプタ準位 145
イオン結合 125
位相回復 66
位相回復アルゴリズム 68
位相回復問題 57, 65
位相像 61
位相問題 43
一様電子ガス 90
一般化密度勾配近似 91
移動度 116, 125
インバース法 27
インバースモード 28
エッチング反応 97
エピタキシャル薄膜 131
オージェ電子 9
オージェ電子励起 14
オーダーN法 91

[か行]

外因性半導体 143
回折イメージング 57
回折限界 76
回折パターン 59
ガウス型関数 86
化学気相成長法 131
殻構造 85
拡散伝導 113
角度座標 84
活性層 147
価電子帯 123, 152
カーボンナノチューブ 63
完全反磁性 126
緩和時間 117
期待値 88
基底関数 86
擬ポテンシャル 91

逆空間 44
逆空間拘束条件 68
キャリア輸送 111
吸着エネルギー 96
強磁性 127
共有結合 125
極座標表示 78
局所基底 91
局所密度近似 90
金属 123
金属結合 125
金属-酸化物-半導体 141
クーパー対 126
久保公式 118
蛍光X線 26
蛍光X線ホログラフィー 4, 26, 133
蛍光分子 76
結晶成長 98
ゲート 145
ゲート絶縁膜 147
ゲート電圧 146
原子間力顕微鏡 132
原子軌道 86
原子の揺らぎ 36
原子立体写真 23
原子立体写真法 5
広域X線吸収微細構造 133
交換相関相互作用エネルギー汎関数 89, 90
交換相関汎関数 87
光合成光化学系II 107, 158
光合成タンパク質 2
構造生物学 156
酵素発生複合体 107
光電子 9
光電子回折 2, 9
光電子散乱 15
光電子ホログラフィー 4, 27
光電子ホログラム 9
光電子励起過程 13
高分解能1次元分析器 12
固液界面 96
ゴースト 49
固相反応 130
固体表面 92
コックサイクル 107
コッセル線 26

索　引

固有エネルギー　84
固有関数　84
コーン-シャム方程式　87, 90

[さ 行]

再構成　47
最高占有軌道　86, 93
最大エントロピー法　22, 73
最低空軌道　93
酸化物半導体　134
参照波　27
散乱振幅　43
散乱パターン関数　20
　——を用いた原子像の再構成　21
散乱ベクトル　44
時間依存波束拡散伝導法　118
磁気量子数　84
自己無撞着　90
磁性　127
実空間拘束条件　67
自動車排ガス触媒　92
出力特性　149
主量子数　84
シュレーディンガー方程式　84
消光効果　36
常磁性　127
情報量　71
真性キャリア濃度　142
真性半導体　142
水素原子　84
水熱合成法　130
スピントロニクス　128
スロープパラメータ　152
制限視野回折法　59
正孔　142
絶縁体　125
遷移金属酸化物　51
線形補強平面波法　91
線形領域　148
前方散乱ピーク　5
双画像問題　31
走査型電子顕微鏡　79
走査型透過電子顕微鏡　133
走査型トンネル顕微鏡　132
ソース　147
ソース接地　148

ソース電圧　148
ゾル-ゲル法　130

[た 行]

第一原理計算　85, 111, 112
第一原理電子状態計算法　83
第一原理分子動力学シミュレーション　96
多波長再生法　30
単結晶の成長　100
弾道伝導　113
断熱近似　85
蓄積　141
チャネル　141
中性子1分子追跡法　80
中性子回折法　132
中性子ホログラフィー　8
超伝導　126
デオキシリボ核酸　156
デコンボリューション　64
電界効果トランジスタ　139
電気抵抗率　125
電気伝導率　125
電子　142
電子格子相互作用　118
電子後方散乱回折　80
電子散乱ホログラフィー　8
電子線1分子追跡法　80
電子相関　87
伝達特性　148
伝導帯　123, 144
天然性タンパク質分子　157
透過型電子顕微鏡　57, 58, 133
動径座標　84
ドナー　144
ドナー準位　144
ドレイン　147
ドレイン電圧　148
ドレイン電流　147
ドーパント　1, 38
ドーピング　142

[な 行]

二重らせん構造　157
燃料電池電極触媒反応　97
ノーマル成分　34
ノーマル法　27

索引

ノーマルモード　27

[は行]

配置間相互作用　87
ハイブリッド汎関数　91
薄膜　130
波動関数　84
波動関数理論　88
ハートリー-フォック法　87
バルク　128
パルスレーザ堆積法　131
反強磁性　127
反磁性　127
反射高速電子回折　132
反転層　141
半導体　124
半導体デバイス　92
バンドギャップ　123
バンド伝導　113
非経験的分子軌道法　85
非弾性散乱と平均自由行程　15
表面 X 線回折　43
表面緩和　47
ファン・デル・ワールス結合　111
ファン・デル・ワールス汎関数　91
ファン・デル・ワールス密度汎関数法　115
フェリ磁性　127
フェルミエネルギー　143
フェルミ準位　123, 145
不均一触媒　92
不純物ドーピング　141
物体波　27
ブライホルダー機構　94
ブラッグ反射　2, 58
フーリエ変換　66
分散力補正密度汎関数法　115

分子軌道　86
分子生物学　157
分子線エピタキシー法　131
分子動力学法　83, 103
分子力場　105
平面波基底　91
平面波　86
ヘルムホルツ-キルヒホッフの式　30
ペロブスカイト構造　125
方位量子数　84
放射性トレーサー法　76
飽和領域　149
ホーエンベルク-コーンの定理　87, 88
ホッピング伝導　113
ポーラロン　117
ホール　142
ボルツマン方程式　112
ボルン-オッペンハイマー近似　85
ホログラフィー　3
ホログラム　3

[ま行]

マイスナー効果　126
マーカス理論　117
密度汎関数法　87
密度汎関数理論　88
モノアミン酸化酵素　105

[や・ら行]

有機トランジスタ　139
有機半導体　54, 111, 114
有効質量　117
ラグランジュ形式　71
リラクサー　40
リンク原子法　107

機能構造科学入門
3D 活性サイトと物質デザイン

平成 28 年 7 月 30 日　発　行

監修者　　大　門　　　寛
　　　　　佐々木裕次

発行者　　池　田　和　博

発行所　　丸善出版株式会社
　　　　　〒101-0051　東京都千代田区神田神保町二丁目17番
　　　　　編集：電話(03)3512-3265／FAX(03)3512-3272
　　　　　営業：電話(03)3512-3256／FAX(03)3512-3270
　　　　　http://pub.maruzen.co.jp/

© Hiroshi Daimon, Yuji C. Sasaki, 2016
組版印刷・創栄図書印刷株式会社／製本・株式会社 星共社
ISBN 978-4-621-30060-2 C 3058　　　Printed in Japan

JCOPY 〈(社)出版者著作権管理機構　委託出版物〉
本書の無断複写は著作権法上での例外を除き禁じられています。複写される場合は，そのつど事前に，(社)出版者著作権管理機構（電話 03-3513-6969, FAX 03-3513-6979, e-mail: info@jcopy.or.jp）の許諾を得てください。